LEÇONS

D'ARITHMÉTIQUE

ÉLÉMENTAIRE

PAR

MAXIMILIEN MARIE

ANCIEN ÉLÈVE DE L'ÉCOLE POLYTECHNIQUE, PROFESSEUR A L'INSTITUTION NOTRE-DAME

Dirigée à Auteuil par M. Lévèque.

PARIS

ARNAULD DE VRESSE, LIBRAIRE-ÉDITEUR

55 — Rue de Rivoli — 55

1857

LEÇONS

D'ARITHMÉTIQUE ÉLÉMENTAIRE

Paris. — Imprimerie de DUBUISSON, rue Coq-Héron, 5.

LEÇONS

D'ARITHMÉTIQUE

ÉLÉMENTAIRE

PAR

MAXIMILIEN MARIE

ANCIEN ÉLÈVE DE L'ÉCOLE POLYTECHNIQUE, PROFESSEUR A L'INSTITUTION NOTRE-DAME

Dirigée à Auteuil par M. Lévêque.

PARIS

ARNAULD DE VRESSE, LIBRAIRE-ÉDITEUR

55, RUE DE RIVOLI, 55

1857

INTRODUCTION.

L'arithmétique, resserrée dans ses plus étroites limites, serait simplement l'art de compter d'une manière plus facile et plus rapide qu'on ne le pourrait faire sans principes de calcul.

Les nombres, essentiellement entiers, y représenteraient des collections d'objets de même espèce, à peu près semblables les uns aux autres, indécomposables par leur nature même, et, pour cette raison, faute de mieux, considérés comme équivalents.

Chacun de ces objets serait une unité ou l'unité.

On peut avoir à compter de cette manière des hommes, des animaux d'une espèce donnée, etc.

Appliquée aux opérations de banque, au toisé des bâtiments ou à l'arpentage, à la formulation empirique des résultats d'observations ou d'expériences entreprises dans des recherches dépendant de sciences qui n'auraient pas encore reçu leurs principes, l'arithmétique spécule sur des nombres représentant des objets vraiment égaux ou équivalents, et essentiellement subdivisibles en parties aliquotes définies d'une façon tout aussi nette que leurs multiples; les questions agitées y ont trait à des poids, des volumes, des surfaces, des longueurs, des intervalles de temps, des forces, etc. L'unité ou l'objet simple n'a plus alors son type nécessaire dans la nature; c'est dans chaque genre une grandeur essentiellement arbitraire : drachme, as ou livre, stade, lieue ou kilomètre, etc.

Les opérations de nombres à effectuer pour arriver à la solu-

tion des questions que comporte cette arithmétique sont ré-
glées en vertu de lois simples, à peu près conformes à la réalité, lorsqu'on la peut connaître, conventionnelles ou arbitraires dans les autres cas.

On fait porter ces opérations sur des nombres de parties
plus ou moins petites des unités principales, selon qu'on se
croit plus ou moins certain des principes par lesquels on se
dirige, ou qu'on veut ou espère diminuer davantage les erreurs qu'on commettra nécessairement; mais on ne compte
jamais, en ce genre de recherches, par parties de l'unité dépas-
sant un degré de petitesse qui les rendrait inappréciables aux
sens ou difficilement perceptibles par l'imagination.

Cette arithmétique spécule sur les nombres entiers ou nombres d'entiers, nombres d'unités principales et sur les nombres
fractionnaires ou nombres de fractions ou parties égales de
l'unité principale; mais les questions de nombres fractionnaires peuvent toujours y être ramenées à des questions de
nombres entiers par de simples changements d'unités, c'est-à-
dire en prenant pour entier ce qui n'était que partie; les centièmes de francs, dixièmes de mètres ou douzièmes de pouces
deviennent des centimes, des décimètres ou des lignes, et se
trouvent ainsi convertis en entiers.

L'arithmétique proprement dite a pour objet le calcul des
valeurs des fonctions.

Toute découverte en quelque science concrète que ce soit,
géométrie, mécanique ou astronomie, physique, chimie ou
histoire naturelle, consiste toujours dans la constatation d'une
loi, d'une relation à laquelle sont assujetties les grandeurs homogènes ou hétérogènes, les unes causes, les autres effets, qui
varient ensemble pendant que s'accomplit le phénomène soumis à l'étude. L'algèbre traduit cette loi, la transforme de toutes
les manières en d'autres équivalentes, quoique renfermées
sous des énoncés différents. L'arithmétique a pour objet le
calcul des valeurs numériques de celles des grandeurs dont il
s'agit, que l'on considère comme effets ou résultats, au moyen

des valeurs numériques de celles qu'on considère comme causes dans l'accomplissement du phénomène.

Les grandeurs, soumises au calcul alors, sont essentiellement continues, c'est-à-dire capables de prendre une infinité d'états entre deux limites aussi peu distantes qu'on pourrait le supposer; elles ne peuvent donc plus en général recevoir une représentation exacte, sous forme numérique. Elles ont une définition nette dans l'énoncé de la loi qui les régit; cette loi leur attribue des valeurs correspondantes les unes aux autres, mais ces valeurs ne peuvent plus être représentées en général que sous forme symbolique au moyen de formules; elles ne peuvent être obtenues en nombres qu'approximativement. La nature de la question qu'on se propose permet dans chaque cas de fixer la limite de l'erreur qu'on peut se permettre dans l'évaluation approximative de chaque inconnue, et l'arithmétique fournit la valeur cherchée à l'approximation exigée; mais c'est là tout ce qu'elle peut donner.

L'arithmétique, en réalité, suppose donc l'algèbre; et, quelques soins qu'on y mette, on ne peut, en effet, dissimuler cette dépendance.

L'enseignement de l'arithmétique gagnerait beaucoup à être présenté dès le principe sous la forme la plus large qu'il comporte.

En supposant que l'élève eût préalablement rempli le cadre des études analytiques que nous avons conseillées ailleurs (1), qu'il eût acquis une pleine notion des lois, c'est-à-dire appris à les classer et à les exprimer au moyen des signes des relations les plus simples, il resterait seulement à lui enseigner, en arithmétique, les procédés de calcul. Chaque opération aurait reçu à l'avance une définition nette et aisément saisissable; la notion préalable du résultat naîtrait de la connaissance d'une loi ou relation entre grandeurs non encore exprimées en

____

(1) *Éducation intellectuelle.* Librairie de V. Dalmont, quai des Augustins, 49.

nombres, et, par conséquent, susceptibles de varier d'une manière continue. Les données d'un calcul venant à changer, l'élève saurait, dès longtemps, comment doit en changer le résultat. Toutes les manières de remplacer un calcul par un autre lui seraient connues à l'avance. L'arithmétique, simple annexe de l'algèbre, serait alors ce qu'elle doit être, un recueil de procédés pour calculer d'une manière rapide.

Il n'en est pas ainsi, et nous n'avons pas dû nous proposer de froisser tous les usages reçus ; mais, en nous y conformant, nous avons cherché à en atténuer les torts autant que possible.

Notre Arithmétique reste divisée en trois parties principales : le calcul des nombres entiers, c'est-à-dire des nombres représentant des collections d'objets indécomposables ; le calcul des fractions ou des nombres entiers de parties aliquotes de grandeurs arbitraires, choisies pour servir de termes de comparaison aux autres ; enfin, le calcul des nombres symboliques, c'est-à-dire définis dans des formules, mais généralement incapables d'une représentation exacte.

Dans la première partie, les calculs numériques doivent fournir les résultats d'opérations pratiques de réunion ou de répartition. Ils ne supposent pas d'autres notions préalables que celles de ces opérations mécaniques.

Dans la seconde, les calculs ont pour objet la recherche des variations correspondantes de grandeurs assujetties seulement à la loi de proportionnalité. Nous nous sommes attachés à bien faire comprendre cette loi.

Dans la troisième partie, les calculs ont pour objet de fournir les mesures de grandeurs liées à d'autres données par des lois plus compliquées, dont la notion préalable ne peut pas résulter seulement d'abstractions arithmétiques : nous avons cherché à combler les lacunes que renferment les définitions purement arithmétiques de ces lois, en y soumettant les grandeurs elles-mêmes, au lieu de leurs mesures.

Les LEÇONS que nous publions ne sont que la reproduction

à peu près textuelle du cours que nous professons depuis quatre ans à Auteuil. Nous ne dirons rien des méthodes de démonstration que nous avons adoptées, si ce n'est que le choix nous en a toujours été inspiré par cette maxime si vraie qu'aimait à répéter souvent l'illustre Bezout : « A force de supposer les élèves stupides, on finit par les rendre tels. » Nous avons toujours supposé nos élèves intelligents; ils nous en ont su gré et ils ont justifié notre hypothèse.

Nous avons placé à la suite des principaux chapitres un grand nombre d'énoncés de questions à résoudre, dont quelques-unes sont empruntées à MM. Bertrand et Serret. Ces questions sont généralement assez difficiles : pour les suppléer, nous engageons les élèves qui ne pourraient les résoudre à se procurer le RECUEIL DE PROBLÈMES ET D'EXERCICES DE CALCUL (1), de M. J. DUPUIS, professeur au lycée d'Angers. Ils y trouveront une quantité considérable de questions faciles, bien graduées et bien choisies.

M. M.

---

(1) Paris. — Dezobry et E. Magdeleine, rue du Cloître-Saint-Benoît, 10.

TABLE DES MATIÈRES.

TROISIÈME PARTIE.

DES INCOMMENSURABLES.

FIN DE LA TABLE.

LEÇONS

D'ARITHMÉTIQUE ÉLÉMENTAIRE

PREMIÈRE PARTIE [1].

DES NOMBRES ENTIERS.

CHAPITRE PREMIER.

Numération.

1. *Numération parlée.* — Les différents peuples ont suivi des règles diverses dans la manière de nommer les nombres et de les représenter par des caractères; mais la méthode des modernes est assez parfaite pour qu'on ne puisse y concevoir de perfectionnements importants, et cette considération nous dispensera d'une analyse rétrospective des anciens usages.

Les nombres communément employés dans la conversation seulement sont beaucoup trop nombreux pour qu'on ait pu songer à leur donner à chacun un nom propre; on a dû chercher à en former les noms au moyen d'un nombre relativement très petit de mots différents. La méthode où l'on s'est arrêté consiste à compter d'abord par objets simples, quand ils sont assez peu

---

(1) Il ne sera question, dans toute cette première partie, que de nombres entiers: si pour abréger le discours, ou parce que notre pensée irait au delà de l'expression étroite que nous devrions lui donner, il nous arrive de ne pas mentionner expressément cette restriction, le lecteur devra toujours la rétablir.

1

nombreux, puis par groupes définis et groupes de groupes éta
gés régulièrement, comme on compterait des noix, par exemple,
d'abord par unités, puis par poignées, par charges d'homme, etc.,
à la condition toutefois que la composition de chaque groupe en
groupes de l'ordre immédiatement inférieur ou en unités simples
fût toujours définie sans ambiguïté. De la même manière on mesure les distances, par exemple, en millimètres, en mètres, en
kilomètres, en rayons terrestres, en diamètres de l'écliptique, etc.
selon que ces distances sont très petites, moyennes, ou excessive-
ment grandes par rapport à nous-mêmes.

2. Les noms des premiers nombres, jusqu'à celui qui comprend autant d'unités que nous avons de doigts aux deux mains
réunies, un, deux, etc., dix, ont été formés arbitrairement ou,
plutôt, sans doute, conservés de la langue des peuples primitifs,
s'il en est parmi ceux dont nous sommes sortis, qui aient manqué
d'un système de numération.

Dix unités simples, ou une dizaine, ont formé le premier
groupe ou l'unité du second ordre, et l'on a pu, sans employer de
nouveaux mots, compter, par dizaines et unités simples, jusqu'à
dix dizaines comme il suit :

Dix un, dix deux,..... dix neuf; deux dix, deux dix un,.....
deux dix neuf; trois dix, trois dix un,.....; quatre dix,.....; cinq
dix,..... etc., neuf dix huit, neuf dix neuf, dix dix (1).

Dix dizaines ont formé le second groupe, ou l'unité du troisième ordre qu'on a nommée centaine, et en comptant par centaines, par dizaines et par unités, on a pu aller jusqu'à dix centaines comme il suit :

Cent, cent un,...; cent dix un,... cent cinq dix sept,..; deux
cents, deux cent un,... deux cent trois dix huit,...; trois cents,
trois cents un...; neuf cents,... neuf cent neuf dix neuf, dix
cents.

Dix cents ont formé le troisième groupe de l'échelle, ou l'unité

____

(1) Nous ne donnons aux nombres que leurs noms régulièrement formés : chacun sait assez quelles irrégularités l'usage a consacrées.

du quatrième ordre qu'on a nommée mille, et on a pu compter jusqu'à dix mille.

On aurait pu donner un nom particulier à ce nouveau groupe; on ne l'a pas fait, non plus que pour le suivant dix (dix mille) ou cent mille : ils ne sont pas moins distincts sous les noms composés de dix mille et de cent mille, que sous d'autres noms propres qu'on eût pu leur donner; le seul but qu'on ait eu en vue dans cette modification à la règle précédemment suivie a été peut-être de diminuer encore le nombre des mots employés; mais, en faisant de cette anomalie une règle nouvelle pour la formation des noms des groupes d'ordres supérieurs, on est en réalité arrivé à mieux, à une classification des unités des divers ordres en classes.

Les unités simples jusqu'à mille ont formé la première classe, les mille jusqu'à mille mille ou un million, la seconde classe, les millions, jusqu'à mille millions ou un billion, la troisième et ainsi de suite; on compte ainsi par millions, billions, trillions, quatrillions, quintillions, sextillions, septillions, octillions, nonillions.

3. Arrivé à ces nombres peu employés dans le discours, on a jusqu'ici, non-seulement négligé d'ériger une nouvelle loi qui permît de dépasser un nonillion (mot qui n'est pas même usité), mais même les mots de billion, trillion, etc., étant évidemment mal formés (1), on préfère souvent se servir des termes de million de millions, million de millions de millions, etc.

Ajoutons que dans la langue française, qui n'admet pas les inversions, le nom intégral d'un nombre se forme des noms, prononcés par ordre, des nombres (toujours moindres que dix), des groupes de tous les ordres, en commençant par l'ordre le plus

____

(1) Les mots *billion*, *trillion*, etc., ont un sens entièrement inconciliable avec ceux de leurs radicaux : pour rétablir l'harmonie, il faudrait les traduire par million du second ordre, du troisième ordre, etc.; c'est-à-dire million de millions, million de millions de millions, etc., ce qui vaudrait mieux et permettrait d'aller plus loin dans la nomenclature des nombres.

élevé, et terminant par celui des unités simples, chacun de ces noms étant suivi du nom du groupe à désigner, et le nom du nombre qui exprime les unités simples de chaque classe, du nom de la classe.

Ainsi, une collection renfermant deux billions, sept cents millions, deux dix millions, quatre millions, trois cent mille, quatre dix mille, cinq mille, huit cents, trois dix et deux objets, aurait pour nombre :

Deux BILLIÓNS sept *cent* deux *dix* quatre MILLIONS trois *cent* quatre *dix* cinq MILLE huit *cent* trois *dix* deux UNITÉS ;

Formule où les noms des classes seraient BILLIONS, MILLIONS, MILLE, UNITÉS simples ; les noms des groupes d'unités de chaque classe : *cent* et *dix ;* enfin, les noms des nombres de ces groupes et des unités simples des diverses classes : deux, sept, deux, quatre, trois, quatre, cinq, huit, trois et deux.

4. *Numération écrite.* — Les noms des nombres étant ainsi formés, il reste à représenter ces nombres, d'une manière abrégée, par l'écriture.

D'après ce que nous venons de voir, pour écrire en toutes lettres le nom d'un nombre, on emploie trois sortes de mots : les noms des classes, les noms des groupes des divers ordres, enfin les noms des nombres de ces groupes.

Ces derniers seuls sont en réalité des noms de nombres : les autres les qualifient ; mais comme la qualification résulterait d'elle-même pour chaque nom de nombre du rang occupé par lui, le dernier nommé exprimant nécessairement des unités simples, l'avant-dernier des dizaines, l'antépénultième des centaines, celui qui en a trois, quatre, cinq, six, sept, etc., après lui, des mille, des dizaines de mille, des centaines de mille, des millions, des dizaines de millions, etc. ; il en résulte qu'on pourrait supprimer, dans la notation écrite, les qualifications, sauf à les rétablir dans la prononciation.

Ainsi, en écrivant simplement :

Deux, sept, deux, quatre, trois, quatre, cinq, huit, trois, deux, on aurait suffisamment représenté le nombre que nous avons pris pour exemple.

Les mots nécessaires à écrire pour formuler un nombre se réduiraient donc aux noms des neuf premiers nombres; il suffira donc de neuf signes ou caractères pour les représenter conventionnellement d'une manière abrégée; ces signes, qui nous viennent des Arabes, sont :

$$1, 2, 3, 4, 5, 6, 7, 8, 9;$$

en en faisant usage, on réduira la notation du nombre en question à cette simple formule :

$$2724345832.$$

Un nombre étant ainsi écrit, la règle pour le lire consistera évidemment, d'après tout ce qui précède, à le partager par la pensée en tranches de trois chiffres, en commençant par la droite, de manière à séparer les classes des unes des autres; puis, en commençant par la dernière classe, à prononcer le nom de chaque chiffre, en le faisant suivre du mot cent ou dix, ou du nom de la classe, suivant qu'il en aura deux après lui dans sa classe, ou un seul, ou qu'il sera le dernier, et continuant ainsi jusqu'aux unités simples.

5. Toutefois, il reste à pourvoir à un cas d'exception, celui où le nombre énoncé manquerait de quelques ordres d'unités; l'absence simple des chiffres correspondants à ces ordres troublerait en effet toute la classification; il faudrait laisser vide la place des chiffres manquants, on a préféré la remplir par un caractère insignifiant, le zéro, 0.

Ainsi, dans le système de numération adopté, chaque chiffre, par lui-même, exprime un nombre fixe; mais, par la place qu'il occupe, il représente, ou des unités simples, ou des dizaines, des centaines, etc.; d'ailleurs, comme dix unités d'ordre quelconque valent toujours une unité de l'ordre suivant, un chiffre placé immédiatement à la gauche d'un autre, ou à deux, trois, etc., rangs de distance, exprime toujours autant de dizaines, de centaines, etc., d'unités de l'ordre de cet autre, qu'il exprimerait par lui-même d'unités simples; il en résulte qu'on peut lire un nombre de bien des manières autres que celle dont on se sert dans le langage ordinaire, et on a à chaque instant, en effet, occasion de le faire dans les démonstrations théoriques; ainsi, le nombre 1253847, un million deux cent cinquante-trois mille huit cent quarante-sept, pourrait s'énoncer par exemple : un million, deux cent mille, cinq cent trente-huit centaines et quarante-sept unités.

Nous ajouterons encore, en terminant, que si on appose un, deux, trois... zéros à la droite d'un nombre, il représente alors une collection composée de dix, cent, mille... groupes pareils à celui qu'il représentait d'abord, ou, en d'autres termes, un nombre dix, cent, mille... fois plus grand qu'avant, puisque chaque chiffre représente maintenant dix, cent, mille... groupes pareils à celui qu'il représentait d'abord.

En supprimant un, deux, trois, etc., zéros à la droite d'un nombre, on produirait au contraire la modification inverse.

6. Les principes qui ont présidé à la formation du système de notre numération usuelle sont d'une entière généralité, et pourraient servir à former autant d'autres systèmes de numération qu'on le voudrait. Au lieu de composer chaque groupe de dix groupes de l'ordre précédent, on pourrait établir tel autre rapport qu'on voudrait entre les nombres d'unités simples contenues dans deux groupes d'ordres consécutifs; au lieu du système décimal usité sur presque toute la surface du globe, on pourrait se servir des systèmes binaire, ternaire, quaternaire, quinaire..... duodécimal, etc.

Un système de numération se distingue par sa *base*, qui est le nombre de groupes d'un même ordre qui composent le groupe de l'ordre immédiatement supérieur, et cette base le définit entièrement.

Il est toujours aisé de passer d'un système à un autre, c'est-à-dire de transposer un nombre énoncé ou écrit dans un système, de façon à le nommer ou à l'écrire dans un autre; seulement, si la base nouvelle dépassait dix, on devrait donner des noms propres à tous les nombres compris depuis le nombre dix jusqu'à celui qui servirait de base, et représenter dix et les nombres suivants jusqu'à celui qui précéderait la base par des caractères nouveaux (1).

Quant à la base, elle est toujours représentée par **10**, puisque c'est l'unité du second ordre.

Les transpositions de nombres un peu considérables exigeraient des calculs dont nous ne devons pas devancer la théorie ; mais le lecteur s'exercera utilement sur les questions suivantes, qui doivent être résolues de tête :

Transposer au système septénnaire les nombres décimaux : 5, 7, 14, 23, 63 ;

Transposer au système duodécimal les nombres décimaux : 11, 23, 24, 37, 75, 145 ;

Transposer au système décimal les nombres : 14, 20, 31, 100, écrits dans le système septennaire ;

Transposer au système décimal les nombres duodécimaux : 10, 100, α4, 5β, 235.

---

(1) On peut se servir pour cela des lettres de l'alphabet ; dans les exercices qu'on propose quelquefois sur le système duodécimal, les nombres dix et onze sont habituellement représentés par les lettres α et ϵ.

CHAPITRE II.

Addition.

7. L'addition des nombres entiers a pour but de former le nombre total d'objets de même espèce que renfermeraient plusieurs groupes où ces objets seraient en nombres connus.

L'addition s'indique par le signe $+$ (*plus*). Ainsi l'expression $2+3+5$ représente la somme des nombres 2, 3 et 5.

La réunion en un seul de plusieurs groupes d'objets de même espèce peut se faire mécaniquement d'une infinité de manières différentes ; et, pourvu qu'aucun de ces objets n'ait été omis, l'ensemble en comptera toujours le même nombre. L'addition des nombres d'objets compris dans ces divers groupes pourra donc se faire aussi d'autant de manières correspondantes, et la somme totale en sera toujours la même.

On pourra, par exemple, réunir au premier nombre toutes les unités simples contenues dans les autres, puis, au résultat, toutes les unités contenues dans les dizaines des mêmes autres nombres, et ainsi de suite. Ainsi, soient à ajouter les nombres :

$$26537$$
$$4352$$
$$8194$$

Si l'on regarde le premier comme composé de dizaines et d'unités, savoir 2653 dizaines et 7 unités, et qu'on y ajoute les unités des deux autres nombres, comme 7 et 2 font 9 et que 9 et 4 font 13, on aura pour somme 2653 dizaines et 13 unités, ou 2654 dizaines et 3 unités, ou 26543 ; cela fait, si on veut réunir à cette somme les unités contenues dans les dizaines des autres nombres, on remarquera d'abord que quand on verse par dizaines des objets dans un groupe déjà formé d'objets de même espèce, les dizaines, centaines, etc., seules peuvent désormais changer; on en conclura donc que le chiffre 3 des unités de la somme partielle 26543 doit rester le chiffre des unités de la somme totale des nombres proposés.

On pourra dès lors considérer la somme 26543 comme composée de 265 centaines 4 dizaines et 3 unités; et, si aux dizaines de cette somme on ajoute les dizaines des deux derniers nombres proposés, comme 4 et 5 font 9, et que 9 et 9 font 18, on aura pour résultat 265 centaines 18 dizaines et 3 unités; ou, comme 18 dizaines font une centaine et 8 dizaines, 265 centaines 8 dizaines et 3 unités, c'est-à-dire 26683.

Pour réunir à cette somme les centaines des deux derniers nombres proposés, cette addition ne pouvant apporter aucun changement aux deux derniers chiffres 8 et 3, on considérera 26683 comme composé de 26 mille 6 centaines et 83 unités; et, si aux centaines de cette somme, on ajoute les centaines des deux derniers nombres proposés, on obtiendra 26 mille 10 centaines et 83 unités ou 27083.

En continuant de cette sorte, on trouvera finalement pour résultat 39083.

Les chiffres de cette somme auront été obtenus successivement, savoir : le chiffre des unités, en faisant la somme des unités des nombres proposés, et retranchant 10 autant de fois que possible de cette somme; le chiffre des dizaines, en ajoutant les dizaines des nombres proposés au nombre de fois qu'on avait pu retrancher 10 au nombre d'unités primitivement trouvé, et retranchant 10 autant de fois que possible de cette somme ; le chiffre des centaines, en ajoutant les centaines des nombres proposés au nombre de fois qu'on avait pu retrancher 10 du nombre de dizaines primitivement trouvé, et retranchant 10 autant de fois que possible de cette somme, et ainsi de suite.

Cette remarque comprend évidemment l'énoncé de la règle à suivre pour additionner des nombres entiers.

Quand on a une addition à faire, on écrit habituellement les nombres proposés les uns au-dessous des autres, de manière que les unités de même ordre se correspondent, et la somme, qu'on en sépare par un trait, au-dessous d'eux, comme il suit :

$$26537$$
$$4352$$
$$8194$$
$$\overline{39083}$$

Cette disposition facilite les calculs et diminue les chances d'erreurs.

8. *Preuve*. Lorsqu'on recommence une opération pour en vérifier le résultat, il arrive souvent qu'on retombe dans les mêmes fautes ; c'est pourquoi on vérifie habituellement une opération par une autre, qui porte le nom de preuve par rapport à la première.

La *preuve* naturelle d'une opération quelconque se trouve dans l'opération *inverse* : pour l'addition, ce serait donc une soustraction qui en ferait preuve, nous l'expliquerons au chapitre suivant ; on peut, toutefois, pour vérifier une addition, la recommencer, après avoir écrit les nombres proposés dans un autre ordre : la concordance des résultats forme présomption en faveur de leur exactitude.

9. PRINCIPES RELATIFS A L'ADDITION :

Pour ajouter un nombre à une somme, on peut l'ajouter à l'une des parties de la somme.

Pour ajouter une somme à un nombre, on peut en ajouter successivement toutes les parties.

Pour ajouter une somme à une somme, on peut ajouter les parties de l'une aux parties de l'autre, en les groupant à volonté, ou de la manière la plus convenable pour le but qu'on se propose.

Ces principes, qui font, en réalité, partie du domaine de l'algèbre, sont souvent invoqués dans les éléments de l'arithmétique. On n'en donne pas de démonstration, ce qui veut dire que la vérification en fait preuve suffisante (1).

---

(1) La vérification d'un fait vrai en est la démonstration pour le cas particulier qu'on a examiné ; si on pouvait vérifier l'énoncé d'une loi pour tous les états imaginables des grandeurs soumises à cette loi, la démonstration serait complète ; inversement d'ailleurs, une démonstration quelconque n'est jamais que la vérification directe ou indirecte, du fait en question, dans une hypothèse non définie. — Lorsqu'un fait est assez simple pour qu'il soit évident que la vérification, qui en a été faite dans une hypothèse particulière, réussirait de la même manière dans toute autre, la démonstration en est complète, par cela seulement.

CHAPITRE III.

Soustraction.

10. La soustraction a pour but de former le nombre d'objets qui resteraient d'un groupe contenant d'abord un nombre connu de ces objets, sachant quel nombre il en a été enlevé ; en d'autres termes, connaissant la somme de deux nombres et l'un d'eux, la soustraction doit faire connaître l'autre.

La soustraction s'indique par le signe — (*moins*), l'expression 9—3, (*neuf moins trois*), représente la différence entre 9 et 3 ; 16—5—2 représente le reste qu'on obtiendrait si de 16 on re tranchait 5 et du résultat 2.

La soustraction est l'inverse de l'addition.

On dit en général que deux opérations sont inverses l'une de l'autre lorsqu'une grandeur qui les a subies successivement revient à son état primitif, de telle sorte que les deux modifications qu'elle aura successivement éprouvées se compensent exactement (1).

---

(1) Mais il doit être bien entendu que deux opérations ne seront dites inverses l'une de l'autre qu'autant qu'on saura que les effets s'en équilibreraient, quelle que fût la grandeur qui dût y être soumise ; en effet, deux modifications différentes et superposées peuvent bien se compenser dans un cas particulier sans correspondre pour cela à des opérations inverses ; ainsi, en retranchant 2 à 4 et doublant le résultat, on reviendrait au point de départ ; cependant, retrancher 2 à un nombre et le doubler ne sont pas des opérations inverses, parce qu'elles ne s'équilibreraient plus si elles étaient pratiquées sur tout autre nombre que 4. Au reste, deux opérations inverses doivent toujours s'équilibrer, soit qu'on les fasse dans un ordre ou dans l'autre, et si au lieu de retrancher 2 à 4 pour doubler ensuite le résultat, on commençait, au contraire, par doubler 4 pour en retrancher ensuite 2, on ne reviendrait plus au point de départ.

Plus généralement, deux fonctions, composées d'opérations en nombre plus ou moins considérable, sont inverses l'une de l'autre, lorsque le dernier résultat des opérations successives qui constituent la première de ces fonctions étant successivement soumis aux opérations qui entrent dans la seconde, la grandeur, quelle qu'elle soit, qui a éprouvé tous ces changements, revient à son état primitif.

11. Le reste d'une soustraction, ajouté au nombre soustrait, devant reproduire celui dont on l'a soustrait, il en résulte que la règle à suivre pour retrancher un nombre d'un autre doit pouvoir se déduire de celle qui a été donnée pour l'addition.

En effet, soit à soustraire 3938 de 43527, pour obtenir le reste on pourrait raisonner comme il suit :

43527 étant la somme de 3938 et du reste cherché, ce reste doit se terminer par un chiffre qui, ajouté avec 8, donne 7, ou 17, ou 27, etc. Or, cette somme ne pourrait donner ni 7, puisque l'une des parties est déjà 8, ni 27 ou tout autre nombre plus grand; elle devra donc donner 17, et pour cela, il faudra que le chiffre des unités du reste soit 9.

De la même manière, le chiffre des dizaines du reste ajouté au chiffre 3 des dizaines de 3938 et à une dizaine provenant de la somme 8 + 9 des unités du reste et de 3938 devrait donner 2, ou 12, ou 22, etc.; mais elle ne pourrait donner ni 2, puisque deux des parties forment déjà 4, ni 22, ni un nombre plus grand puisque 9 et 4 ne font que 13 : elle devra donc donner 12, et ainsi le chiffre des dizaines du reste devra être 8.

On continuerait de la même manière, et cette méthode conduirait tout aussi simplement au résultat que celle qu'on suit habituellement.

12. Pour traiter la question plus directement, nous observerons que la soustraction d'une somme peut se faire en enlevant cette somme par une seule opération, ou en plusieurs reprises; c'est-à-dire que, pour retrancher un nombre d'un autre, on peut, si on le veut, en retrancher toutes les parties, et que. pourvu

qu'on n'en ait omis aucune, le résultat sera toujours le même, quel que soit l'ordre qu'on ait d'ailleurs suivi.

Pour retrancher un nombre d'un autre, on pourra donc en retrancher successivement les parties représentées par les unités, les dizaines, les centaines, etc.

Soit donc, comme plus haut, à soustraire l'un de l'autre 43527 et 3938 : si du premier nombre nous voulons d'abord retrancher les 8 unités du second, comme 8 ne se peuvent retrancher de 7, nous pourrons décomposer 43527 en 435 centaines et 27 unités : 8 retranchés de 27 donneraient 19 ; il resterait ainsi 43519.

L'opération se poursuivrait ensuite aisément ; mais on ne la fait pas ainsi d'ordinaire, le chiffre 8 ne peut se retrancher de 7 ; mais il le peut de 7 augmenté de 10 seulement, au lieu de 20 ; on peut donc aussi bien décomposer 43527 en 4351 dizaines et 17 unités : 8 retranchés de 17 donnent 9, et on retrouve pour reste 4351 dizaines et 9 unités ou 43519.

Il n'y a plus qu'à en retrancher 393 dizaines ou 39 centaines et 3 dizaines, soustraction qui ne pourra, dans aucun cas, faire varier le chiffre 9 des unités : en se conformant à la méthode précédente pour retrancher les 3 dizaines du nombre à soustraire, 3 dizaines ne pouvant se retrancher de 1 dizaine, on considérera le reste, précédemment obtenu, 43519, comme composé de 434 centaines 11 dizaines et 9 unités, et la soustraction de 3 dizaines donnera pour nouveau reste 434 centaines 8 dizaines et 9 unités ou 43489. Il resterait à en soustraire 39 centaines ou 3 mille et 9 centaines, ce qui porterait à décomposer le reste 43489 en 42 mille 14 centaines et 89 unités : la soustraction des 9 centaines fournirait pour troisième reste 42 mille 5 centaines et 89 unités ou 42589 qu'il faudrait encore diminuer de 3 mille, ce qui donnerait en définitive 39589.

13. Cette manière d'opérer fournit évidemment la règle suivante :

Retrancher le chiffre des unités du plus petit des nombres proposés du chiffre des unités du plus grand, si la soustraction est possible, ou, dans le cas contraire, de ce chiffre augmenté de 10, et alors considérer le chiffre des dizaines du plus grand nombre comme diminué par là d'une unité; retrancher de même le chiffre des dizaines du plus petit nombre du chiffre (diminué d'une unité s'il y a lieu) des dizaines du plus grand, si la soustraction est possible, ou, dans le cas contraire, de ce chiffre augmenté de 10, et alors considérer le chiffre des centaines du plus grand nombre comme diminué par là d'une unité, et ainsi de suite.

Quand la soustraction de deux chiffres de même rang, l'un d'eux ayant été altéré s'il y a lieu, ne peut pas se faire, au lieu de diminuer d'une unité le chiffre suivant du plus grand des deux nombres, on peut aussi bien, et cet usage est plus souvent suivi, augmenter d'une unité le chiffre suivant du nombre à soustraire; les deux manières d'opérer s'équivalent évidemment.

On dispose l'opération comme il suit :

$$\begin{array}{r} 43527 \\ 3938 \\ \hline 39589 \end{array}$$

14. *Preuve.* La preuve d'une soustraction se trouve dans cette condition que le reste ajouté au plus petit des deux nombres proposés fournisse le plus grand.

Inversement, une soustraction peut servir de preuve à une addition ; car si de la somme trouvée on retranche successivement chacun des nombres proposés, moins l'un d'eux, on doit trouver pour reste ce dernier.

15. Principes relatifs a la soustraction. *Pour retrancher un nombre d'une somme, on peut le retrancher de l'une des parties et ajouter les autres au reste obtenu.*

Pour retrancher une somme, on peut en retrancher successivement toutes les parties.

Pour retrancher une somme d'une somme, on peut retrancher

*les parties de la somme à soustraire des parties prises à volonté
de la somme dont elle doit être soustraite.*

*Pour retrancher un nombre d'une différence, on peut indif-
féremment le retrancher de la partie additive ou l'ajouter à la
partie soustractive.*

*Pour retrancher une différence, on peut en retrancher la
partie additive et ajouter la partie soustractive au résultat obtenu, ou inversement : ajouter d'abord la partie soustractive
du nombre à soustraire et retrancher ensuite du résultat la
partie additive de ce nombre.*

Ces principes, qui font partie du domaine de l'algèbre, sont
souvent invoqués dans les éléments d'arithmétique ; on n'en
donne pas de démonstration, la vérification attentive suffit.

CHAPITRE IV.

Multiplication.

16. Lorsque plusieurs groupes d'objets de même espèce en contiennent tous le même nombre, pour trouver le nombre total de ces objets, on aurait à faire une addition souvent très pénible.

Ainsi, la récolte faite des noix d'un propriétaire, étant renfermée dans 548 sacs contenant chacun 2653 noix, si ce propriétaire voulait savoir le compte de ses noix, il lui faudrait additionner 548 nombres égaux à 2653. Écrire ces nombres seulement serait déjà un travail énorme.

On a aisément trouvé un procédé simple pour effectuer l'addition dans ce cas particulier de la *répétition* d'un même nombre.

Pour abréger le discours, nous nommerons *multiplicande* le nombre qui doit être répété, *multiplicateur* le nombre de fois qu'il doit être répété, et *produit* (1) le résultat de l'opération, qui elle-même sera la *multiplication* du multiplicande par le multiplicateur.

Le multiplicande et le multiplicateur reçoivent le nom collectif de *facteurs* du produit.

La multiplication s'indique par le signe $\times$ (*multiplié par*); l'expression 2×3 représente le produit de 2 multiplié par 3.

On omet souvent le signe $\times$ lorsque les facteurs du produit indiqué sont représentés par des lettres : AB peut désigner le produit de deux nombres représentés par A et par B.

---

(1) Le mot *produit* n'a pas d'autre sens que *résultat*; on pourrait dire produit d'une addition pour somme, d'une soustraction pour différence; mais l'usage a réservé spécialement le nom de produit au résultat d'une multiplication.

17. Soit à multiplier 2653 par 548. — Pour arriver à la règle à suivre, imaginons que nous ayons effectivement écrit 548 fois le nombre 2653 dans une même colonne verticale : pour additionner tous ces nombres, d'après des principes posés plus haut, nous pourrions séparer les 8 premiers nombres et en faire la somme, ensuite les 40 suivants et les ajouter, enfin ajouter les 500 qui resteraient et additionner les trois sommes obtenues.

Cette idée au premier abord ne paraît pas devoir apporter de simplification bien importante à la pratique du calcul, puisqu'il resterait à faire encore des additions énormes de 40 et de 500 nombres; mais on va voir que ces multiplications par 40 et par 500 se ramènent immédiatement à des multiplications par 4 et par 5.

En effet, si l'on avait répété 40 fois par exemple le nombre 2653 dans une même colonne verticale, pour faire l'addition, on pourrait décomposer cette colonne en 4 parties contenant chacune 10 fois ce nombre, faire les 4 sommes ou l'une d'elles seulement, puisqu'elles seraient chacune le produit de 2653 multiplié par 10, et les ajouter ou multiplier l'une d'elles par 4; or, la multiplication par 10 se fera sans calculs, par la simple apposition d'un zéro à la droite du nombre à multiplier.

18. Ainsi le produit de 2653 multipliés par 548 se composera des produits de 2653 multipliés par 8, de 26530 multipliés par 4, et de 265300 multipliés par 5; d'ailleurs, si l'on réfléchit à la manière dont se fait l'addition, on reconnaîtra d'une manière évidente que les produits de 26530 multipliés par 4 et de 265300 multipliés par 5 ne seront que les produits suivis d'un ou deux zéros de 2653 multipliés par 4 et par 5. On voit donc en résumé que la multiplication d'un nombre quelconque par un nombre quelconque se réduit à faire séparément les produits du multi_ plicande par les chiffres du multiplicateur; ces produits partiels étant obtenus, on les fera suivre chacun d'autant de zéros qu'il en faudrait placer à la droite du chiffre multiplicateur pour lui donner sa valeur relative, et enfin on additionnera les nombres ainsi obtenus.

19. Tout se réduit maintenant à faire le produit d'un nombre quelconque par un nombre d'un seul chiffre : soit don pour exemple à multiplier 2653 par 8. Nous remarquerons d'abord que l'addition qu'exigerait cette opération ne peut plus être abrégée que quant aux écritures à faire ; car, par elle-même, elle est indécomposable ; mais dût-on en réalité faire cette addition, on pourra dans tous les cas se dispenser d'écrire 8 fois de suite le nombre 2653. On n'en comptera pas moins aisément 3 et 3 font 6 et 3 font 9, etc., jusqu'à 3 répété 8 fois qui font 24 ; 5 et 5 font 10, etc., jusqu'à 5 répété 8 fois qui font 40 et 2 de retenue 42, etc. ; mais on parvient aisément à retenir de mémoire les produits deux à deux des nombres d'un seul chiffre dont on a besoin dans ce calcul. Ces produits sont renfermés dans une table qui porte à tort, selon M. Chasles, le nom de Pythagore, où les 9 premiers nombres sont renfermés dans la première ligne horizontale, leurs doubles dans la seconde, leurs triples dans la troisième, et ainsi jusqu'à leurs produits par 9.

1	2	3	4	5	6	7	8	9
2	4	6	8	10	12	14	16	18
3	6	9	12	15	18	21	24	27
4	8	12	16	20	24	28	32	36
5	10	15	20	25	30	35	40	45
6	12	18	24	30	36	42	48	54
7	14	21	28	35	42	49	56	63
8	16	24	32	40	48	56	64	72
9	18	27	36	45	54	63	72	81

On dispose habituellement une multiplication de la manière suivante :

Multiplicande....................	2653
Multiplicateur...................	548
Produit par 8...................	21224
Produit par 10 et par 4.........	106120
Produit par 100 et par 5........	1326500
Produit par 548.................	1453844

20. La règle relative à la multiplication des nombres entiers est renfermée d'une manière assez explicite dans ce qui précède ; nous ne ferions que nous répéter en la transcrivant de nouveau tout au long ; mais il ne sera pas inutile de faire remarquer, ce qui est d'ailleurs évident, qu'elle revient à cet énoncé : le produit de deux nombres entiers se compose de la somme de tous les produits deux à deux des chiffres du multiplicande par les chiffres du multiplicateur, chacun de ces produits étant suivi d'autant de zéros qu'il en faudrait mettre à droite tant du chiffre du multiplicande que du chiffre du multiplicateur, qui ont concouru à le former, pour leur donner leur valeur relative. Cela se verra immédiatement dès qu'on ne fera plus les réductions de ces produits entre eux en même temps que l'opération.

Cet énoncé prendra par la suite une grande importance propre ; pour le moment, nous nous bornerons à remarquer que si on le combinait avec cet autre qui ne nécessiterait qu'un nombre limité de vérifications, que le produit de deux nombres d'un seul chiffre ne change pas lorsqu'on change l'ordre des facteurs, on en conclurait d'une manière entièrement générale que, quels que soient les deux facteurs d'un produit, on pourra toujours les prendre indifféremment dans un ordre et dans l'autre, pour multiplicande et pour multiplicateur, sans que le produit puisse en être modifié.

21. *Preuve.* D'après ce qui vient d'être dit et qui sera répété d'une autre manière, on pourrait faire la preuve d'une multiplication par une autre opération de même genre, dans laquelle les mêmes facteurs seraient pris, celui qui servait de multiplicande pour multiplicateur, et *vice versâ*, l'identité des deux produits obtenus formerait présomption en faveur de leur exactitude. Mais la vraie preuve de la multiplication se trouvera dans l'opération inverse, comme nous l'expliquerons dans le chapitre suivant. Au reste, nous trouverons plus tard une troisième manière de faire cette preuve. Lorsque les opérations ou transformations se compliquent davantage, on peut les envisager sous de plus nombreux rapports, par conséquent les effectuer ou vérifier (ce qui, au fond, est le même) par des méthodes plus variées.

22. On a souvent besoin de prévoir quel sera le nombre des chiffres d'un produit, connaissant les nombres des chiffres de ses facteurs. Ces données ne suffisent évidemment pas, puisque le produit des chiffres des plus hautes unités du multiplicande et du multiplicateur, augmenté, s'il y a lieu, d'une retenue en unités de même ordre que lui, peut fournir un nombre d'un seul ou de deux chiffres selon les cas ; on doit donc prévoir que la règle ne pourra donner le nombre des chiffres d'un produit qu'à une unité près. Cette règle, en effet, consiste en ce que le produit de deux nombres entiers ne peut avoir plus de chiffres qu'il n'y en a dans les deux facteurs à la fois, ni moins que dans cette somme diminuée de un.

Un nombre quelconque de n chiffres est, en effet, compris entr ceux qu'on formerait de l'unité suivie de $n - 1$ et de n zéros le produit d'un nombre de p chiffres par un nombre de n chiffres sera donc toujours compris entre les produits de ce nombre de p chiffres par les nombres formés de l'unité suivie de $n-1$ et de n zéros, c'est-à-dire entre les nombres formés de ce nombre de p chiffres suivi de $n - 1$ et de n zéros, c'est-à-dire enfin entre deux nombres, l'un de $p+n-1$ chiffres, et l'autre de $p + n$ chiffres ; le produit de deux nombres de p et de n chiffres aura donc au moins $p+n-1$, et au plus $p+n$ chiffres.

23. **PRINCIPES RELATIFS A LA MULTIPLICATION.**

Pour multiplier une somme par un nombre, on peut en mul tiplier les parties et ajouter les produits obtenus.

Pour multiplier un nombre par une somme, on peut le multiplier séparément par toutes les parties de la somme et ajouter les produits.

Ces deux principes sont des conséquences immédiates de ceux qui se rapportent à l'addition ; en les rapprochant, on en conclut que, *pour multiplier une somme par une somme, on peut faire la somme des produits, deux à deux, de toutes les parties de la première par toutes les parties de la seconde, et ajouter les produits obtenus.*

Le lecteur s'exercera utilement à déduire de ces principes, relatifs à la multiplication de nombres composés de parties toutes additives, ceux qui conviendraient à la multiplication de nombres composés de parties additives et soustractives. Il reconnaîtra aisément que, *pour multiplier une différence, on peut en multiplier les parties et retrancher les produits obtenus ; et que, pour multiplier un nombre par une différence, on peut le multiplier par les deux parties de cette différence et retrancher les produits obtenus.*

24. On peut avoir à multiplier le produit de deux nombres par un troisième, ce nouveau produit par un quatrième nombre, et ainsi de suite : on forme ainsi un produit de plusieurs facteurs ; la valeur de ce produit ne dépend pas, comme on va voir, de l'ordre dans lequel les multiplications pourraient être faites, pourvu que tous les facteurs aient été employés.

La démonstration de ce théorème se fera en plusieurs parties :

1º *Le produit de deux nombres entiers ne change pas, lorsqu'on prend l'un ou l'autre pour multiplicande.*

Ce principe est intimement lié à celui de l'indépendance d'une somme envers l'ordre dans lequel les parties en sont successivement prises ; nous allons voir, en effet, qu'il n'en est qu'une conséquence.

Soient 3 et 5 les facteurs du produit, nous aurons donc à démontrer que 3×5 et 5×3 font le même nombre

$$3 \times 5 = 5 \times 3 \ (1).$$

Or, pour répéter 5 fois 3, on pourrait répéter 5 fois chacune des unités de 3, ce qui donnerait $5 + 5 + 5$ ou 5×3, donc

$$3 \times 5 = 5 \times 3.$$

On peut présenter cette démonstration d'une autre manière :

$$3 = 1 + 1 + 1$$

$$3 \times 5 = \left\{ \begin{array}{c|c|c} 1 & +1 & +1 \\ +1 & +1 & +1 \\ +1 & +1 & +1 \\ +1 & +1 & +1 \\ +1 & +1 & +1 \end{array} \right.$$

$$\text{ou } 3 \times 5 = 5 \mid +5 \mid +5 \mid = 5 \times 3$$

2° *Le produit de trois nombres entiers ne change pas lorsqu'on change l'ordre des facteurs.*

Pour légitimer toutes les permutations possibles entre trois facteurs, il suffit évidemment de démontrer qu'on peut intervertir l'ordre des deux premiers et l'ordre des deux derniers, de quelque manière qu'ils soient arrangés déjà.

Or, pour les deux premiers, la chose est évidente, puisque le produit en devrait être, en tout cas, obtenu avant qu'on eût à le multiplier par le troisième facteur :

$$3 \times 5 \times 4 = 5 \times 3 \times 4,$$

parce que 3×5 et 5×3, étant identiques, leurs produits par 4 le sont également.

---

(1) Le signe $=$ placé entre deux expressions en indique l'égalité. On le traduit trop habituellement d'une manière exclusive par le mot *égale*; il faut au besoin y voir la troisième personne de l'indicatif de l'un quelconque des temps du verbe *égaler*, ou du verbe *être* suivi du mot *égal*, ou du verbe *devoir* suivi des mots *être égal;* le sens indique le choix à faire.

Quant à l'interversibilité des deux derniers facteurs, elle ne constitue en réalité aucun fait nouveau : si 4 fois 5 pommes sont le même que 5 fois 4 pommes, pour les mêmes raisons, 4 fois 5 paniers de pommes feront la même chose que 5 fois 4 paniers pareils des mêmes pommes ; une pomme, dans le premier énoncé, forme l'unité, dans le second, c'est un panier de pommes, si ce panier en contient 28 :

$$28 \times 4 \times 5 = 28 \times 5 \times 4.$$

Au reste, voici la démonstration de ce fait telle qu'on la donne habituellement :

$$28 \times 5 = 28 + 28 + 28 + 28 + 28.$$

$$
28 \times 5 \times 4 = \left\{
\begin{array}{c|c|c|c|c}
\begin{array}{l} 28 \\ +28 \\ +28 \\ +28 \end{array} &
\begin{array}{l} +28 \\ +28 \\ +28 \\ +28 \end{array} &
\begin{array}{l} +28 \\ +28 \\ +28 \\ +28 \end{array} &
\begin{array}{l} +28 \\ +28 \\ +28 \\ +28 \end{array} &
\begin{array}{l} +28 \\ +28 \\ +28 \\ +28 \end{array}
\end{array}
\right.
$$

$$28 \times 5 \times 4 = 28 \times 4 \mid +28 \times 4 \mid +28 \times 4 \mid +28 \times 4 \mid +28 \times 4 = 28 \times 4 \times 5.$$

3° *Le produit de tant de facteurs qu'on voudra reste le même dans quelque ordre qu'on effectue la multiplication.*

La démonstration de ce théorème sera évidemment complète, si l'on parvient à faire voir que dans un produit on peut intervertir l'ordre de deux facteurs consécutifs quelconques ; car, dès lors, on pourra amener chaque facteur à la place qu'on lui voudra faire occuper, et, finalement, les ranger tous dans un ordre choisi à volonté.

Soit donc le produit $2 \times 5 \times 4 \times 3 \times 7 \times 6 \times 9$, et proposons-nous, par exemple, de démontrer qu'il conserverait la même valeur sous la forme $2 \times 5 \times 4 \times 7 \times 3 \times 6 \times 9$; il suffira pour cela d'observer : 1° que si

$2 \times 5 \times 4 \times 3 \times 7$ et $2 \times 5 \times 4 \times 7 \times 3$ sont égaux, leurs produits par 6 et 9 le seront aussi ; et 2°, pour justifier l'égalité

$2 \times 5 \times 4 \times 3 \times 7 = 2 \times 5 \times 4 \times 7 \times 3$, que, quel que soit le produit $2 \times 5 \times 4$, il ne s'agit, en réalité, que d'un produit de trois facteurs $2 \times 5 \times 4$, 3 et 7, dont on veut transposer les deux derniers.

25. Le principe que nous venons de démontrer comporte deux corollaires importants :

1° Pour multiplier un produit, on peut multiplier un de ses facteurs. Ainsi, soit à multiplier par 7 le nombre 24, qui peut être considéré comme le produit de 2 multiplié par 3 et par 4 : on obtiendra le résultat demandé, si, par exemple, on multiplie 2 par le produit de 3 par 7 et le produit obtenu par 4.

En effet :

$$24 = 2 \times 3 \times 4$$
$$24 \times 7 = 2 \times 3 \times 4 \times 7.$$
$$24 \times 7 = (3 \times 7) \times 2 \times 4 = 2 \times (3 \times 7) \times 4 \ (1).$$

2° Pour multiplier un nombre par un produit, on peut le multiplier successivement par chacun des facteurs du produit. Ainsi, 24 étant le produit de $2 \times 3 \times 4$, 7×24 sera égal à $7 \times 2 \times 3 \times 4$.

En effet :

$$7 \times 24 = 24 \times 7 = 2 \times 3 \times 4 \times 7 = 7 \times 2 + 3 \times 4.$$

En rapprochant ces deux derniers énoncés, on en conclut plus généralement que, pour multiplier un produit par un produit, on peut multiplier comme on veut les facteurs de l'un par les facteurs de l'autre, pourvu qu'on ne multiplie qu'un des facteurs du premier produit par un même facteur du second. Par exemple.

$$(2 \times 3 \times 7 \times 4 \times 9 \times 13) \times (6 \times 5 \times 8 \times 11)$$
$$= 2 \times (3 \times 6) \times (7 \times 5) \times 4 \times (9 \times 8 \times 11) \times 13.$$

26. Puissances. — On nomme puissance d'un nombre le produit de plusieurs facteurs égaux à ce nombre ; la seconde, la troi-

---

(1) Lorsqu'une opération doit porter sur une grandeur formulée mais non encore réduite à un seul terme, on introduit dans les expressions algébriques la formule de cette grandeur en la mettant entre parenthèses; on marque ainsi que l'opération dont le signe précède ou suit la parenthèse ne se fera qu'après qu'on aura effectué celles qui sont indiquées à l'intérieur.

sième, la quatrième puissance d'un nombre sont les produits de deux, trois, quatre facteurs égaux à ce nombre.

La seconde et la troisième puissance prennent souvent les noms de *carré* et de *cube* du nombre considéré.

On abrége la notation des puissances d'un nombre en indiquant, par un chiffre placé à sa droite dans l'interligne supérieur, le nombre de fois qu'il doit être pris comme facteur :

$$3 \times 3 \times 3 \times 3 \times 3 \text{ s'écrit } 3^5.$$

Ce nombre de facteurs est l'*exposant* de la puissance.

Règle relative aux exposants. — La multiplication de deux puissances différentes d'un même nombre se fait en ajoutant simplement les exposants. Ainsi :

$$3^4 \times 3^5 = 3^9 \text{, parce que}$$
$$3^4 = 3 \times 3 \times 3 \times 3,$$
$$\text{que } 3^5 = 3 \times 3 \times 3 \times 3 \times 3 \text{, et que par conséquent}$$
$$3^4 \times 3^5 = (3 \times 3 \times 3 \times 3) \times (3 \times 3 \times 3 \times 3 \times 3)$$
$$= 3 \times 3 \times 3 \times 3 \times 3 \times 3 \times 3 \times 3 \times 3 = 3^9.$$

Il résulte de là, et des principes précédents, que, si l'on avait à multiplier deux produits composés de facteurs dont quelques-uns fussent communs, on pourrait indiquer le résultat en transcrivant chacun des facteurs communs, qu'on affecterait d'un exposant égal à la somme de ceux dont il était affecté dans les deux produits donnés, et plaçant à la suite les facteurs non communs affectés chacun des exposants qu'ils portaient dans ces produits donnés.

Exemples :

$$(2^2 \times 3 \times 5^4 \times 7 \times 11) \times (2^3 \times 5 \times 7^3 \times 13^2)$$
$$= 2^5 \times 3 \times 5^5 \times 7^4 \times 11 \times 13^2$$
$$10^7 = (2 \times 5^7) = (2 \times 5) \times (2 \times 5)\ldots\ldots = 2^7 \times 5^7.$$

N. B. Pour appliquer ces règles, il faut toujours considérer un facteur simple comme affecté de l'exposant 1.

I. Transposer au système décimal le nombre ternaire 1102121, le nombre quaternaire 13121233, le nombre duodécimal 3415α96649.

II. Multiplier les nombres septennaires 345602 et 41623 sans transposition préalable.

III. Multiplier de même les nombres duodécimaux 613α479 e 871432496α sans transposition préalable.

IV. De combien augmente un produit lorsqu'on en augment un des facteurs d'une unité ?

V. De combien diminue un produit lorsqu'on en diminue d'une unité l'un des facteurs ?

VI. De combien augmente un produit lorsqu'on en augmente les deux facteurs chacun d'une unité ?

VII. De combien diminue un produit lorsqu'on en diminue chaque facteur d'une unité ?

VIII. Dans quels cas augmente ou diminue un produit lorsque l'on eu augmente le multiplicande d'une unité, eu en diminuant en même temps d'une unité aussi le multiplicateur ? — Le produit peut-il rester égal à ce qu'il était primitivement ?

IX. Une somme étant décomposée en deux parties, dont la première soit prise successivement égale à 1, 2, 3, 4, et la seconde par conséquent à la somme donnée diminuée d'une, de deux, de trois, etc., unités, le produit des deux parties ira-t-il d'abord en croissant pour diminuer ensuite ?

X. Les mêmes conditions étant posées que dans la question précédente, quel sera le plus grand des produits qu'on obtiendra ?

(On devra examiner les deux cas où la somme donnée serait paire ou impaire.)

XI. Le produit de la somme de deux nombres par leur différence est égal à la différence de leurs carrés.

XII. Conclure de là que la somme paire ou impaire de deux nombres étant donnée, leur produit est le plus grand possible (maximum), lorsque ces nombres sont égaux ou ne diffèrent que d'une unité.

XIII. Un produit de deux facteurs étant donné, trouver, s'il est possible, deux autres facteurs qui donnent le même produit et forment une somme moindre que celle des premiers.

XIV. Quelle est la plus petite somme possible de deux facteurs donnant un produit connu pair ou impair?

XV. La somme des carrés de deux nombres est plus grande que le double de leur produit.

XVI. De quoi se compose le carré de la somme ou de la différence de deux nombres?

XVII. Le carré d'un nombre terminé par 5 est terminé par 25.

XVIII. Étant données deux séries de nombres, l'une en contenant autant que l'autre, comment faut-il accoupler ces nombres deux à deux, si l'on veut que la somme des produits obtenus, en multipliant l'un par l'autre les deux termes de chaque couple, soit la plus grande possible?

XIX. Comment faut-il partager une somme donnée en un nombre donné de parties, sous la condition que le produit de toutes ces parties soit le plus grand possible?

CHAPITRE V.

Division.

27. La division a pour but la répartition d'un nombre donné d'objets de même espèce en lots qui en contiennent tous le même nombre. Elle peut être proposée de deux manières différentes : ou bien, le nombre des lots étant fixé, il s'agira de savoir combien d'objets chacun d'eux doit contenir; ou bien, le nombre d'objets dont doit se composer chaque lot étant donné, il s'agira de savoir combien on peut obtenir de ces lots.

Ces deux manières de poser la question, au premier abord, paraissent différentes; elles conduisent cependant à des opérations de même nature, comme on va le voir.

Mais observons d'abord que les conditions imposées ne sont pas toujours compatibles; ainsi serait-il impossible de répartir 26 objets, par exemple, en trois lots qui en continssent le même nombre. On ne peut généralement se proposer que de trouver, ou le plus grand nombre d'objets que pourra contenir chaque lot, ou le nombre de lots complets qu'on pourra former; dans l'une comme dans l'autre hypothèse, il pourra se faire que quelques objets doivent rester en dehors de la répartition.

Cela posé, si la division a été bien faite, le nombre des objets compris dans chaque lot multiplié par le nombre des lots, et augmenté du nombre d'objets laissés indivis, devra évidemment former, dans les deux cas, le nombre proposé d'objets à répartir.

Or, dans le premier cas, où l'on aura donné le nombre des lots à former, le nombre des objets laissés indivis devant être moindre que le nombre des lots, sans quoi on aurait pu mettre au moins un objet de plus dans chaque lot : le nombre d'objets que pourra contenir chaque lot sera le plus grand nombre de fois qu'on aurait pu retrancher le nombre des lots du nombre total des objets à répartir. Dans le second cas, le nombre d'objets laissés indivis devant être moindre que celui qu'en aura reçu chaque lot, sans quoi on aurait pu former au moins un lot de plus, il est encore plus évident que le nombre de lots cherché sera, de même, le plus grand nombre de fois qu'on eût pu retrancher le nombre d'objets que devait renfermer chaque lot du nombre total des objets à répartir.

Ainsi, l'opération à faire sera la même dans les deux cas : il s'agira toujours de savoir combien de fois un nombre peut être retranché d'un autre, ou quel est le plus grand nombre par lequel on pourrait multiplier un nombre donné sans obtenir un produit plus grand qu'un autre nombre donné.

La division, lorsqu'elle ne donne pas de reste, est l'opération inverse de la multiplication : car si, par exemple, on répartit 6 objets en 3 lots, ce qui donnera 2 objets pour chacun, et qu'on multiplie le résultat (2 objets) de cette première opération par 3, on reformera la donnée primitive, 6 objets. La division par 3 et la multiplication par 3, superposées, modifient donc successivement la donnée primitive de deux manières telles, qu'en définitive, elle revient à son état primitif.

Dans toute division, le nombre des objets à répartir prend le nom de *dividende;* l'autre nombre donné, que ce soit le nombre des lots à faire ou le nombre des objets que doit contenir chaque lot, prend celui de *diviseur;* et le nombre cherché, le nom de *quotient;* enfin, on nomme *reste* de l'opération le nombre des objets laissés indivis.

Dans toute division bien faite, le dividende doit se composer du reste augmenté du produit du diviseur multiplié par le quotient, et le reste doit être moindre que le diviseur.

On indique une division à faire par le signe :, et le quotient de cette division par une formule composée des nombres dividende et diviseur séparés par ce signe :, ou par une autre composée des mêmes nombres écrits l'un au-dessus de l'autre, et séparés par une barre horizontale; $6 : 3$ ou $\dfrac{6}{3}$ représentent indifféremment le quotient de 6 divisé en 3 parties égales.

28. Arrivons maintenant aux procédés d'opération.

On parviendrait sans trop de difficultés à déterminer, par tâtonnements successifs, le quotient d'une division de deux nombres quelconques. On essaierait de former des multiples du diviseur qui ne différassent pas trop du dividende, les uns se trouveraient moindres que ce dividende, les autres plus grands : on augmenterait les premiers, on diminuerait les seconds, et lorsqu'on en aurait trouvé deux qui, comprenant toujours le dividende, ne différassent plus que d'une quantité moindre que le diviseur, l'opération serait terminée : on connaîtrait déjà le quotient, et le reste serait facile à obtenir. Mais on peut régulariser ces tâtonnements de façon à les rendre moins nombreux.

La méthode consiste à les employer à la détermination d'un seul chiffre du quotient à la fois.

Il est facile, au reste, de concevoir comment la détermination successive de ces différents chiffres, à partir de celui des unités de l'ordre le plus élevé, pourra se faire par des opérations distinctes et analogues.

En effet, dès qu'on connaîtra quelques-uns des premiers chiffres du quotient, c'est-à-dire une partie du quotient, en retranchant du dividende le diviseur répété autant de fois qu'il y aura d'unités simples dans cette partie, et cherchant combien de fois le reste obtenu contiendra encore le diviseur, on saura combien la partie inconnue du quotient devra encore contenir d'unités ; cette partie inconnue ne sera donc autre chose que le quotient d'une nouvelle division dont le diviseur serait le même et le dividende le reste obtenu.

On voit donc que dès qu'on saura comment trouver le premier chiffre d'un quotient, on saura par là même trouver tous les autres.

30. Cela étant, il ne s'agit plus que d'expliquer comment on obtient le premier chiffre du quotient d'une division.

Pour limiter davantage les tâtonnements, il est naturel de commencer par déterminer le rang de ce premier chiffre, ou, ce qui revient au même, le nombre total des chiffres du quotient.

On y arriverait en multipliant le diviseur successivement par 10, 100, 1000, etc., et continuant jusqu'à ce qu'on obtînt un produit plus grand que le dividende. En effet, si les produits du diviseur par 100 et 1000, par exemple, se trouvaient l'un plus petit, l'autre plus grand que le dividende, on en conclurait naturellement que le quotient est compris entre 100 et 1000 et que, par conséquent, le premier de ses chiffres exprime des centaines. Mais dans la pratique on suit habituellement une autre marche, qui consiste à séparer sur la gauche du dividende assez de chiffres pour former un nombre plus grand que le diviseur, et moindre que dix fois ce diviseur : le quotient a nécessairement autant de chiffres plus un qu'il en reste au dividende à droite de la partie ainsi séparée. En effet, s'il reste, par exemple, deux chiffres à droite de la partie séparée au dividende, il est évident, d'une part, que le diviseur pouvant se retrancher de cette partie, le produit de ce diviseur par 100, produit qui ne sera autre que le nombre formé par le diviseur suivi de deux zéros, pourra tout aussi bien se retrancher du dividende entier ; d'un autre côté, il est tout aussi évident que le produit du diviseur par 10 ne pouvant se retrancher de la partie séparée à gauche au dividende, le produit de ce diviseur par 1000 donnerait un nombre de centaines plus grand que celui qu'en contient le dividende, par conséquent un nombre plus grand que ce dividende.

31. Le rang du premier chiffre du quotient étant ainsi obtenu, il ne reste plus qu'à en chercher la valeur.

Pour l'obtenir, si ce chiffre devait, par exemple, exprimer des centaines, il suffirait évidemment de comparer au dividende les produits du diviseur par 100, 200, 300,... 900 ; si, en effet, le dividende était, par exemple, compris entre les produits du diviseur multiplié par 500 et par 600, le premier chiffre du quotient serait 5, puisque le quotient lui-même serait compris entre 500 et 600 ; mais on remarquera que pour que les produits du diviseur par 500 et par 600, produits qui donnent des nombres exacts de centaines, soient l'un plus petit, l'autre plus grand que le dividende, il faudra que le premier contienne au plus autant de centaines qu'il y en a dans le dividende, et le second davantage ; c'est-à-dire qu'il faudra que les produits du diviseur par 5 et 6 soient l'un plus petit, l'autre plus grand que le nombre formé par la partie séparée à la gauche du dividende.

Si donc on avait formé les 9 premiers multiples du diviseur, on pourrait prendre pour premier chiffre du quotient le rang de celui de ces multiples qui serait immédiatement inférieur à la partie séparée à la gauche du dividende. — La liste de ces multiples servirait plus tard et de la même manière à la détermination des autres chiffres du quotient; mais on évite habituellement de la former, à moins que le quotient ne doive avoir un très grand nombre de chiffres.

On parvient à déterminer le premier chiffre du quotient en observant que, comme le produit du diviseur par ce chiffre doit pouvoir se retrancher de la partie séparée à gauche au dividende, le produit du diviseur, abstraction faite de son dernier chiffre ou de ses deux, ou trois, ou quatre, etc., derniers chiffres, devra aussi pouvoir se retrancher de la partie séparée au dividende, abstraction faite du même nombre de ses derniers chiffres; de sorte que si l'on ne conserve, comme on le fait ordinairement, que le premier chiffre du diviseur, on obtient une limite supérieure du premier chiffre du quotient en cherchant combien de fois le premier chiffre du diviseur est contenu dans le nombre formé du premier ou des deux premiers chiffres du dividende, selon que la partie qu'on en a séparée à gauche contient le même nombre de chiffres que le diviseur ou en contient un de plus.

Le chiffre ainsi obtenu peut être trop fort ; on le soumet donc à une vérification en multipliant le diviseur par le nombre qu'il représente et comparant le produit obtenu à la partie séparée à gauche dans le dividende ; si ce produit surpasse la partie séparée à gauche du dividende, on diminue successivement le chiffre essayé d'une, de deux, etc., unités, jusqu'à ce qu'en le multipliant par le diviseur on obtienne un produit assez faible.

32. Cette théorie un peu longue, exposée d'une manière générale comme elle doit l'être, aura pu paraître obscure au moins

3

sous quelques rapports ou dans quelques-uns de ses détails; nous en reprendons donc l'explication sur un exemple.

Soit à diviser 254813 par 418.

Si l'on forme les produits de 418 par 1, 10, 100, 1000, on reconnaît que le dividende 254813 est compris entre 41800 et 418000, c'est-à-dire entre les produits du diviseur par 100 et par 1000, on peut donc en conclure que le quotient sera plus grand que 100 et moindre que 1000, qu'en conséquence, il aura trois chiffres.

D'une autre manière :

Si l'on sépare sur la gauche du dividende la partie 2548 plus grande que le diviseur, mais moindre que 10 fois ce diviseur, en observant qu'on aura laissé deux chiffres sur la droite du dividende, on verra aisément que 418 étant moindre que 2548, 418×100 sera moindre que 254800 et *à fortiori* que 254813, on en conclura donc que le quotient doit dépasser 100. — D'un autre côté, 418×10 surpassant 2548, par hypothèse, $418 \times 10 \times 100$ surpassera 254800 d'au moins une centaine, et par conséquent surpassera aussi 254813, on en conclura donc que le quotient cherché est inférieur à 1000.

En résumé, il sera compris entre 100 et 1000, c'est-à-dire qu'il aura trois chiffres.

On pourrait, pour en obtenir le premier chiffre, former les produits du diviseur par 100, 200, 300, etc., on reconnaîtrait que les produits de 418 par 600 et 700, qui sont 250800 et 292600, comprennent le dividende, la partie séparée à gauche de ce dividende étant elle-même comprise entre 2508 et 2926, et l'on en conclurait que le premier chiffre du quotient est 6.

On arrive au même résultat en observant que, pour que le produit du diviseur par le chiffre que l'on cherche soit contenu dans 2548, il faut que les produits de 41 ou de 4 par le même chiffre soient contenus respectivement dans 254 ou 25. — Comme 25 contient 6 fois 4, on en conclut que le premier chiffre du quotient peut être 6, mais ne saurait dépasser 6, et la multiplication du diviseur par 6 donnant pour produit 2508, ou, ce qui est la même chose, la multiplication du diviseur par 600 donnant pour produit 250800 qui est moindre que le dividende, on en conclut que 6 est bien le premier chiffre du quotient.

Le dividende contient donc plus de 600 et moins de 700 fois le diviseur : cela étant, si du dividende on retranche 600 fois le diviseur ou 250800, il ne s'agira plus que de savoir combien de fois encore le reste 4013 contiendra le diviseur : autant de fois 418 sera contenu dans 4013, autant il faudra ajouter d'unités à 600 pour avoir le quotient cherché ; on reprendra donc cette nouvelle division de 4013 par 418.

418 multipliés par 10 donnent un produit supérieur à 4013, le nouveau quotient ne se composera donc plus que d'un seul chiffre ; ainsi, dans le quotient total, les dizaines manqueront.

En opérant, comme plus haut, pour obtenir le dernier chiffre inconnu, on divisera 40 par 4 : cette division donnerait 10 pour limite supérieure du chiffre inconnu, mais, comme il ne peut dépasser 9, on fera le produit de 418 par 9, ce produit 3763 étant moindre que 4013, on en conclura que 9 est bien le chiffre cherché.

En résumé, le quotient cherché est donc 609, et comme 3762 retranchés de 4013 donnent pour différence 251, le reste de l'opération est 251, puisqu'en retranchant successivement du dividende 600 fois et ensuite 9 fois le diviseur, on l'a en réalité retranché 609 fois.

On dispose l'opération comme l'indique le tableau ci-joint :

$$
\begin{array}{r|l}
2548.13 & 418 \\
250800 & \overline{} \\
\hline
401.3 & 609 \\
3762 & \\
\hline
251 & \\
\end{array}
$$

où 254813 est le dividende dont on a séparé par un point la partie 2540 qui doit donner le premier chiffre du quotient, 418 le diviseur, 250800 le produit du diviseur par le premier chiffre 600 du quotient, 4013 le premier reste dont on a séparé par un point la partie 401 qui devrait donner le second chiffre du quotient, **3762** le produit du diviseur par le dernier chiffre du quotient, enfin **251** le reste de l'opération.

On peut retrancher du dividende et des restes successifs les produits partiels du diviseur par les chiffres du quotient à mesure qu'on forme ces produits, alors le tableau se réduit à

$$\begin{array}{c|c} 2548.13 & 418 \\ 4013 & \overline{\hspace{0.5em}609\hspace{0.5em}} \\ 251 & \end{array}$$

33. *Preuve.* Comme nous l'avons dit plus haut, le reste d'une division augmenté du produit du diviseur multiplié par le quotient doit reproduire le dividende ; on a ainsi un moyen de vérifier l'exactitude du quotient.

Semblablement, la multiplication trouve sa preuve dans une division ; le quotient d'un produit par le multiplicande ou le multiplicateur doit en effet se trouver égal au multiplicateur ou au multiplicande.

34. *Principes relatifs à la division.* Si l'on relit les énoncés des principes relatifs à l'addition et à la soustraction, on verra aisément que ces principes se tirent les uns des autres ; en général, deux opérations inverses l'une de l'autre donneront toujours lieu à des remarques correspondantes dont la corrélation peut être aisément formulée d'une manière générale.

Les énoncés en effet auxquels nous avons donné le nom de principes, expriment chacun que l'on peut faire une même opération de deux manières différentes caractérisées ; ils renferment chacun l'indication d'un procédé pour ramener une opération à faire sur un nombre composé à d'autres opérations qui ne porteraient que sur ses composants.

Or, si une opération peut se faire de deux manières différentes, elle peut aussi se défaire, par l'opération inverse, de deux manières correspondantes; c'est-à-dire : si une égalité peut subir une transformation définie, elle peut aussi subir la transformation inverse ; ou encore : si l'on peut transformer les deux membres d'une égalité d'une manière désignée, sans altérer cette égalité, on peut également faire subir à ses deux membres l'opération inverse, parce que toute égalité qu'on veut modifier d'une certaine manière peut déjà être regardée comme ayant été produite d'une autre qu'on aurait modifiée de la manière inverse.

Les principes relatifs à la division se déduiront donc directement et sans démonstrations nouvelles de ceux qui se rapportent à la multiplication; pourvu cependant que les divisions indiquées puissent se faire sans reste, car, dans le cas contraire, la division, provisoirement, ne pourrait être considérée comme l'inverse de la multiplication.

Ainsi :

35. Comme, pour multiplier une somme par un nombre, on peut en multiplier les parties et ajouter les produits; inversement : *pour diviser une somme par un nombre, si toutes les parties de cette somme sont séparément divisibles sans restes par ce nombre, on pourra les diviser et en ajouter les quotients.*

Car, si de l'égalité

$$13 = 5 + 3 + 4 + 1, \text{ par exemple,}$$

on peut déduire, par multiplication,

$$13 \times 7 = 5 \times 7 + 3 \times 7 + 4 \times 7 + 1 \times 7$$
$$\text{ou} \quad 91 = 35 + 21 + 28 + 7;$$

inversement : par division, de cette dernière, on pourra conclure :

$$91 : 7 = 35 : 7 + 21 : 7 + 28 : 7 + 7 : 7$$
$$\text{ou} \quad 13 = 5 + 3 + 4 + 1.$$

L'égalité

$$91 = 35 + 21 + 28 + 7$$

sera alors regardée comme ayant été produite de la multiplication par 7, des deux membres d'une égalité dont le premier membre était simple et le second décomposé en parties.

36. Comme un produit de plusieurs nombres reste le même dans quelque ordre qu'on effectue la multiplication; inversement : *si un nombre a été divisé successivement par plusieurs autres, c'est-à-dire si on l'a divisé d'abord par un premier diviseur, qu'on ait divisé le quotient par un autre diviseur, le nouveau quotient par un troisième diviseur, etc., et qu'aucune division n'ait fourni de reste, on pourra recommencer les divisions en prenant les mêmes diviseurs dans un autre ordre, et le dernier quotient sera toujours le même.*

Ainsi, par exemple, 360 divisés par 5 donnent 72, 72 divisés par 3 donnent 24, 24 divisés par 4 donnent 6, et 6 divisés par 2 donnent 3 : par conséquent 3×2 donnent 6, 6×4 ou $3 \times 2 \times 4$ donnent 24, 24×8 ou $3 \times 2 \times 4 \times 3$ donnent 72, et enfin 72×5 ou $3 \times 2 \times 4 \times 3 \times 5$ donnent 360 ; 360 est donc le dernier produit des multiplications successives de 3 par 2, 4, 3 et 5; il serait donc aussi bien le produit de $3 \times 5 \times 2 \times 3 \times 4$: par conséquent, si on divisait successivement 360 par 4, 3, 2 et 5, on trouverait pour quotients successifs : $3 \times 5 \times 2 \times 3$, $3 \times 5 \times 2$, 3×5 et enfin 3.

37. Comme, pour multiplier un produit, on peut multiplier un de ses facteurs; inversement : *pour diviser un produit, si la division doit se faire sans reste, on pourra diviser l'un de ses facteurs, s'il est multiple du diviseur.*

En effet, par exemple, si de l'égalité

$$24 = 2 \times 3 \times 4$$

on peut conclure par multiplication :

$$24 \times 7 = 2 \times (3 \times 7) \times 4, \text{ ou } 24 \times 7 = 2 \times 21 \times$$

inversement, par division, de l'égalité

$$24 \times 7 = 2 \times 21 \times 4$$

on pourra conclure

$$24 = 2 \times (21 : 7) \times 4$$

ou

$$24 = 2 \times 3 \times 4,$$

38. Comme, pour multiplier un nombre par un produit, on peut le multiplier successivement par tous les facteurs de ce produit ; inversement : *pour diviser un nombre par un produit, si la division doit se faire sans reste, on pourra diviser ce nombre successivement par tous les facteurs du produit, c'est-à-dire le diviser par le premier facteur, diviser le quotient obtenu par le second facteur, et ainsi de suite ;* toutes les divisions se feront sans restes, et le dernier quotient sera le quotient cherché.

En effet, si, 24 étant égal à $2 \times 3 \times 4$, pour multiplier 13 par 24, on peut le multiplier successivement par 2, par 3 et par 4, c'est-à-dire si

$$13 \times 24 = 13 \times 2 \times 3 \times 4$$

inversement, pour diviser par 24 le produit de 13×24 ou 312, on pourra diviser successivement 312 par 4, par 3 et par 2, ce qui donnera les quotients successifs $13 \times 2 \times 3$, 13×2, et enfin 13.

39. Comme, pour multiplier un produit par un produit, on peut multiplier comme on veut les facteurs de l'un par les facteurs de l'autre ; inversement : *pour diviser un produit par un produit, si la division doit se faire sans reste, on pourra diviser les facteurs du dividende par les facteurs du diviseur, chacun par un seul ou par plusieurs successivement, pourvu que chacun des facteurs du diviseur ait été employé une fois et une seule, et il y aura toujours au moins une manière de disposer les opérations de façon à ce qu'elles se fassent toutes sans restes.*

40. Comme, pour multiplier un produit, il suffit de multiplier un de ses facteurs ; inversement : *si une division s'est faite sans reste, une autre division, dont les deux termes seraient des équimultiples de ceux de la première, devra fournir le même quotient.*

Ainsi, par exemple, 24 divisés par 6 donnant 4 pour quotient de telle sorte que

$$24 = 6 \times 4.$$

On peut en conclure que 24×7 divisé par 6×7 donnerait aussi 4 pour quotient; car, si on multiplie par 7 les deux membres de l'égalité précédente, elle devient

$$(24 \times 7) = (6 \times 7) \times 4$$

et montre que 4 est bien le quotient de 24×7 divisé par 6×7.

41. Dans le cas où la division primitive donne un reste, le théorème plus général qui comprend le précédent, peut s'énoncer : *Lorsqu'on a fait une division, si on en recommence une autre sur des termes obtenus en multipliant les précédents par un même nombre, le nouveau quotient restera égal à l'ancien, mais le nouveau reste se formera de l'ancien multiplié par le même nombre.*

La démonstration se fait d'ailleurs comme dans le cas précédent : 27 divisés par 6, par exemple, donnent 4 pour quotient et 3 pour reste, de telle sorte que

$$27 = 6 \times 4 + 3.$$

Si on multiplie les deux membres de cette égalité par 7, on obtiendra successivement, d'après des principes connus :

$$27 \times 7 = (6 \times 4 + 3) \times 7 = 6 \times 4 \times 7 + 3 \times 7 = (6 \times 7) \times 4 + 3 \times 7$$

c'est-à-dire que 27×7, divisé par 6×7 donnerait 4 pour quotient, (comme 27 divisé par 6), et un reste sept fois plus grand 3×7.

42. Enfin, comme, pour multiplier deux puissances différentes d'un même nombre, il suffit d'ajouter les exposants de ces puissances; inversement : *pour diviser deux puissances différentes d'un même nombre, il suffira de retrancher les exposants de ces puissances;*
C'est-à-dire comme

$$3^5 \times 3^4 = 3^{5+4} = 3^9$$

inversement :

$$3^9 : 3^4 = 3^{5+4} : 3^4 = 3^5 = 3^{9-4}.$$

On doit remarquer ici qu'une opération se ramenant à une autre, l'opération inverse de la première se ramène à l'opération inverse de la seconde ; il en doit toujours être ainsi.

43. Nous avons dû expliquer à l'avance comment les principes relatifs à la division doivent nécessairement se déduire des principes relatifs à la multiplication.

Nous engagerons toujours le lecteur à s'efforcer, dès le principe, de saisir bien complétement les raisons générales des faits qui lui sont ensuite présentés et démontrés séparément ; mais il doit éviter, avec plus de soin encore, de généraliser sans précautions des énoncés déjà très larges ; les commençants tombent souvent dans cette faute, parce qu'ils négligent de s'assurer que les circonstances dans lesquelles ils raisonnent rentrent réellement dans les hypothèses générales sur lesquelles ont été fondées les conclusions dont ils s'appuient ; rien de plus commun que de les entendre formuler des principes d'une inexactitude grossière, qui reviennent toujours les mêmes dans leurs réponses embarrassées et dont il importe au plus haut point de leur recommander de ne pas faire la découverte. En voici un exemple, qu'il ne sera pas superflu de discuter.

Comme nous avons posé en principe : que, pour multiplier un nombre par une somme, on peut le multiplier séparément par toutes les parties de cette somme et ajouter les produits ; on serait exposé à en conclure, sans jugement, que le quotient d'un nombre par une somme doit pouvoir s'obtenir en divisant ce nombre séparément par toutes les parties de la somme et ajoutant les quotients obtenus.

Les mots ici tromperaient ; un instant de réflexion fera reconnaître aisément que les opérations composées, qui consisteraient à multiplier ou à diviser un nombre par les parties d'une somme, et à ajouter les produits ou les quotients obtenus, ne sont pas inverses l'un de l'autre ; car, pour remultiplier chacun des quotients obtenus par le diviseur composé, il faudrait le multiplier par chacune des parties de ce diviseur, et ajouter les produits obtenus, au lieu de multiplier chaque quotient par le diviseur qui l'a fourni, et qui n'était qu'une partie du diviseur total.

EXERCICES.

I. Les multiplications d'un nombre par 5 ou par 25, ou par 125, etc., peuvent se ramener à des divisions par 2, par 4, par 8, etc., du nombre à multiplier, à la suite duquel on aurait apposé un, deux, trois, zéros.

II. Transposer au système duodécimal le nombre décimal 415731486.

III. Diviser l'un par l'autre les nombres septennaires

36415234 et 516254,

sans transposition préalable.

IV. Diviser l'un par l'autre les nombres duodécimaux

716349α23 et 87641α9,

sans transposition préalable.

V. Démontrer que, pour obtenir le quotient d'un nombre par un produit, la division ne devant pas se faire exactement, on peut diviser le dividende par l'un des facteurs du diviseur, le quotient obtenu par un autre facteur de ce diviseur, et continuer ainsi jusqu'à ce qu'on ait employé tous les facteurs du diviseur.

DIVISIBILITÉ.

44. Comme une même opération peut être proposée sur des données fournies en nombres déjà calculés, ou représentées par des sommes, par des différences, par des produits de plusieurs facteurs, ou des quotients de plusieurs divisions successives ; qu'elle peut être indiquée aussi bien dans les deux cas, et préparée dans le second de différentes manières, il arrive souvent que, dans une recherche qui doit donner lieu à des calculs compliqués, après avoir aperçu la série d'opérations qu'il faudrait effectuer sur les données de la question pour en trouver la réponse ou solution, au lieu d'effectuer ces opérations dans l'ordre où elles se présenteraient, on ne fait que les indiquer, de manière à arriver à une dernière formule notée de toutes ces opérations successives.

On trouve à cela cet avantage, que souvent la formule obtenue renferme l'indication d'opérations inverses qui se détruiraient et que, par conséquent, il sera inutile d'effectuer ; ainsi, il arrive souvent que les données sont des nombres très simples, que l'inconnue doit être aussi représentée par un nombre très simple, mais que les opérations intermédiaires fourniraient des résultats successifs de plus en plus grands, qui diminueraient ensuite parce qu'ils devraient subir des opérations inverses de celles qui les avaient fournis. On cherche toujours, autant que possible, à éviter ces doubles emplois, parce que, outre le défaut de conduire à des calculs fastidieux, ils ont encore celui de multiplier les chances d'erreur.

Les théories de la DIVISIBILITÉ, du PLUS GRAND COMMUN DIVISEUR et des NOMBRES PREMIERS, en tant qu'on en réduit les applications au calcul élémentaire, ont principalement pour but de fournir les moyens de supprimer dans le calcul d'une formule les multiplications et les divisions opposées qui se détruiraient.

CHAPITRE VI.

**Examen des caractéres de divisibilité par les nombres simples
2, 4, 8... 5, 25, 125.... 3, 9, 11, et applications.**

45. Les principes de cette théorie, compris parmi ceux que
nous avons énoncés sous le nom de principes relatifs à la multiplication et à la division, sont tous renfermés dans l'énoncé
suivant :

*Un nombre composé par voie d'addition ou de soustraction de
parties divisibles par un même nombre, est divisible par ce nombre,* ou, en d'autres termes :

*Le résultat définitif d'additions et de soustractions effectuées
sur des multiples quelconques d'un même nombre, est un multiple de ce nombre.*

La manière la plus simple de se rendre compte de ce fait, consiste à regarder le nombre dont on a formé des multiples sous un
nouveau point de vue, et comme représentant une unité composée, au lieu de plusieurs unités simples.

Si on ajoute ou qu'on retranche, en tant d'opérations qu'on
voudra, à un assemblage déjà formé de sacs contenant tous chacun 7 pommes par exemple, d'autres sacs qui en renferment aussi
7, on aura toujours un certain nombre de groupes de 7 pommes,
c'est-à-dire que le nombre total des pommes réunies sera toujours un multiple de 7.

Il résulte de là : 1° que si toutes les parties additives ou soustractives d'un tout ont un diviseur commun, ce diviseur convient
aussi au tout ; 2° que si toutes les parties additives ou soustractives
d'un tout, moins l'une d'elles, ont un diviseur commun qui ne
convienne pas à cette dernière partie, il ne conviendra pas non
plus au tout ; car l'une quelconque des parties d'un tout peut

elle-même se former par additions et soustractions du tout et de
ses autres parties ; 3° que si un tout et toutes les parties qui le composent, moins l'une d'elles, ont un diviseur commun, ce diviseur
convient aussi à la dernière partie ; 4° enfin, que si un tout n'admet
pas un diviseur commun à toutes ses parties, moins l'une d'elles,
ce diviseur ne convient pas non plus à la dernière.

46. *Conditions de divisibilité d'un nombre par* 2 *et ses puissances* 4, 8, 16, *etc.*

Les nombres d'un seul chiffre, divisibles par 2, sont 2, 4, 6
et 8 ; tout nombre de plus d'un chiffre peut se décomposer en
deux parties, dont l'une renfermerait ses dizaines, et l'autre ses
unités ; or, 10 étant divisible par 2, ses multiples le sont aussi ;
par conséquent, pour qu'un nombre soit divisible par 2, la condition nécessaire et suffisante est que le chiffre de ses unités soit
divisible par 2, c'est-à-dire que ce nombre soit terminé à sa
droite par l'un des chiffres 2, 4, 6 ou 8, ou par un 0.

Les nombres sont dits pairs ou impairs, selon qu'ils sont ou
non divisibles par 2 ; on ne désigne d'aucun nom particulier les
nombres divisibles par les autres nombres simples, 3, 4, 5, etc.

Tout nombre de plus de deux chiffres peut se décomposer en
centaines et en unités simples, celles-ci pouvant atteindre le chiffre
de 99 ; or, 100 étant divisible par 4, ses multiples le sont aussi ;
en conséquence, pour qu'un nombre soit divisible par 4, la condition nécessaire et suffisante est que le nombre, représenté par
ses deux derniers chiffres à droite, soit divisible par 4.

On trouverait de même que 1000, 10000, etc., étant divisibles
respectivement par 8, 16, etc., pour qu'un nombre soit divisible
par 8 ou 16, etc., il faut et il suffit que le nombre, formé par
ses trois ou quatre derniers chiffres à droite, soit divisible par 8
ou par 16.

47. *Divisibilité par* 5 *et ses puissances* 25, 125, *etc.* — Les
conditions de divisibilité d'un nombre par 5, 25, 125, etc.,
sont analogues à celles qui conviennent aux diviseurs 2, 4, 8, etc.,
et se tirent des mêmes motifs.

Pour qu'un nombre soit divisible par 5, il faut et il suffit que son dernier chiffre soit divisible par 5, c'est-à-dire que ce soit un 5 ou un 0 ; pour qu'il soit divisible par 25, il faut et il suffit que ses deux derniers chiffres forment un nombre divisible par 25, etc. ; cela tient à ce que, dans un nombre quelconque, a partie formée des dizaines est toujours divisible par 5, la partie formée des centaines l'est toujours par 25, etc.

48. *Divisibilité par* 9. — La condition de divisibilité d'un nombre par 9 est renfermée dans l'énoncé d'un théorème qui fournit en même temps un moyen simple d'obtenir le reste de la division de ce nombre par 9, lorsqu'elle ne doit pas se faire exactement ; voici ce théorème :

49. *Tout nombre quelconque est égal à un multiple de* 9, *augmenté de la somme de ses chiffres significatifs.*

Pour le démontrer, il suffit de faire voir que chaque chiffre significatif d'un nombre, quelle que soit la place qu'il y occupe, représente toujours une somme composée de la valeur propre, absolue, de ce chiffre, et d'un multiple de 9, variable avec le rang qu'il occupe.

S'il en est ainsi, en effet, tout nombre quelconque, dès lors, se composera de multiples de 9 et des nombres représentés par ses différents chiffres, ou sera un multiple de 9 augmenté de la somme des nombres représentés par ses chiffres significatifs.

Or, chaque chiffre significatif d'un nombre représente le produit d'une puissance de 10 par ce chiffre, et comme toute puissance de 10 est un multiple de 9 augmenté de 1, tout chiffre significatif d'un nombre représente bien en effet le produit d'un multiple de 9 plus 1 par ce chiffre, c'est-à-dire un multiple de 9 plus ce chiffre.

Ainsi,

$10 = 9 + 1$; par conséquent, 20, 30..., 90, qui ne sont que 2, 3.... 9 fois 10, pourront s'exprimer par 2 fois $9 + 2$, 3 fois $9 + 3$..., 9 fois $9 + 9$; de même, $100 = 99 + 1 =$ un multiple de $9 + 1$; par conséquent, 200, 300..., 900 pourront s'exprimer

par 2 fois un multiple de 9 + 2, 3 fois un multiple de 9 + 3, etc.,
9 fois un multiple de 9 + 9, et ainsi de suite, puisque 1000,
10000, etc., diminués chacun d'une unité, donnent 999,
9999, etc., c'est-à-dire toujours des multiples de 9.

Soit donc proposé le nombre 2734161324 par exemple, on
pourra le décomposer en :

	2000000000		Un multiple de 9 +	2
+	700000000		+ . . . . +	7
+	30000000		+ . . . . +	3
+	4000000		+ . . . . +	4
+	100000	ou	+ . . . . +	1
+	60000		+ . . . . +	6
+	1000		+ . . . . +	1
+	300		+ . . . . +	3
+	20		+ . . . . +	2
+	4		+ un multiple de 9 +	4

C'est-à-dire un multiple de $9 + (2 + 7 \, 3 + + 4 + 1 + 6 +
1 + 3 + 2 + 4$.

La somme $2 + 7 + 3 + 4 + 1 + 6 + 1 + 3 + 2 + 4$ donne 33,
le nombre proposé contient donc un multiple de 9 et 33 unités,
ou comme 33 lui-même est un multiple de 9 augmenté de $3 + 3$
ou 6, 2734161324 se compose d'un multiple de 9 et de 6 unités.

Pour obtenir le reste de la division d'un nombre par 9, on
peut donc faire la somme complète de tous ses chiffres, et en retrancher 9 autant de fois que possible ; mais on peut aussi, tout
en faisant les additions successives, retrancher 9 à la somme partielle obtenue, chaque fois qu'elle dépasse ou atteint 9.

Ainsi, dans l'exemple proposé, on compterait de la manière
suivante : 2 et 7 font 9, qui ne donnent pas de reste, 3 et 4 font
7 et 1 font 8 et 6 font 14, qui donnent 5 pour reste, et 1 font 6
et 3 font 9, qui ne donnent pas de reste, 2 et 4 font 6, qui est le
reste qu'on voulait obtenir.

50. Ce que nous venons dire du diviseur 9 convient évidem-

ment aussi au diviseur 3. *Tout nombre quelconque est un multiple de 3 augmenté de la somme de ses chiffres significatifs;* car toute puissance de 10 se compose d'une unité et d'un multiple de 3.

51. *Divisibilité par* 11. Les puissances paires ou impaires de 10 sont des multiples de 11 augmentés ou diminués de 1 ; en effet, si on divise par 11 le nombre formé de l'unité suivie d'un nombre indéterminé de zéros :

```
1000000000.......  | 11
100               | ‾‾‾‾‾‾‾‾‾
  100             | 0909090...
   100
    10
```

on trouve alternativement pour chiffres du quotient 0 et 9, et pour restes 10, 1, 10, 1, 10, etc., savoir 10 pour 10, 1 pour 100, 10 pour 1000, etc., c'est-à-dire 10 pour une puissance impaire de 10 et 1 pour une puissance paire.

Toute puissance paire de 10 est donc un multiple de 11 augmenté d'une unité ;

Et toute puissance impaire de 10 est un multiple de 11 augmenté de 10 ou diminué de 1.

Il en résulte que tout chiffre significatif d'un nombre, suivant qu'il en a après lui un nombre pair ou impair, ou, ce qui revient au même, suivant qu'il est de rang impair ou pair, à partir de la droite, est un multiple de 11 augmenté ou diminué de sa valeur absolue.

Ainsi, par exemple :

4000 se composant de 1000 + 1000 + 1000 + 1000 ou d'un multiple de 11 moins 1, plus un multiple de 11 moins 1, plus un multiple de 11 moins 1, plus un multiple de 11 moins 1, est en définitive un multiple de 11 moins 4 ;

Et de même 7000000 serait un multiple de 11 plus 7.

Par conséquent, tout nombre quelconque se composera de multiples de 11, plus la somme de ses chiffres de rangs impairs, à partir de la droite et moins la somme de ses chiffres de rangs pairs.

Ainsi, par exemple, 371483291 se composera de

$$
\begin{array}{l}
\ 300000000 \\
+\quad 70000000 \\
+\quad\ 1000000 \\
+\quad\ \ 400000 \\
+\quad\ \ \ 80000 \\
+\quad\ \ \ \ 3000 \\
+\quad\ \ \ \ \ 200 \\
+\quad\ \ \ \ \ \ 90 \\
+\quad\ \ \ \ \ \ \ 1
\end{array}
\quad \text{ou} \quad
\begin{array}{l}
\text{Un multiple de 11} \quad +3 \\
+\ \ldots \ldots \ldots \quad -7 \\
+\ \ldots \ldots \ldots \quad +1 \\
+\ \ldots \ldots \ldots \quad -4 \\
+\ \ldots \ldots \ldots \quad +8 \\
+\ \ldots \ldots \ldots \quad -3 \\
+\ \ldots \ldots \ldots \quad +2 \\
+\ \ldots \ldots \ldots \quad -9 \\
+\ \text{un multiple de 11} \quad +1
\end{array}
$$

C'est-à-dire un multiple de $11+3-7+1-4+8-3+2-9+1$),
     ou un multiple de $11+(3+1+8+2+1)-(7+4+3+9)$,
     ou un multiple de $11+15-23$,
     ou un multiple de $11-8$, ,
     ou un multiple de $11+3$.

52. Les propriétés des diviseurs 9 et 11 tiennent essentiellement à ce qu'ils ne diffèrent de la base 10 du système de numération que d'une unité en moins ou en plus; la division d'un nombre écrit dans un système quelconque par le nombre immédiatement inférieur à la base, donnerait donc toujours le même reste que la somme des chiffres du dividende, et la même propriété conviendrait aux diviseurs de la base diminuée d'une unité, comme elle appartient à 3 dans le système décimal. De même la division d'un nombre écrit dans un système quelconque, par le nombre immédiatement supérieur à la base, donnerait le même reste que la différence entre les sommes des chiffres de rangs impairs, et de rangs pairs du dividende, à partir de la droite, et la même propriété conviendrait aux diviseurs de ce nombre supérieur d'une unité à la base.

53. On se contente habituellement d'avoir obtenu les conditions de divisibilité par 2, 4... 5, 25... 3, 9 et 11, qui sont les diviseurs qui reviennent le plus souvent dans les calculs. On trouve cependant dans quelques auteurs la recherche du reste de la division d'un nombre par 7. Nous ne traiterons cette question que pour montrer que la solution qu'on en donne peut être étendue à tous les diviseurs qui ne sont multiples ni de 2 ni de 5.

1000 divisés par 7 donnent 142 pour quotient et 6 pour reste, ou ce qui revient au même, 1000 forment un multiple de 7 diminué de 1; par conséquent, un million, ou mille mille représentent un multiple de 7 moins mille, ou un multiple de 7 plus 1; de la même manière, un billion ou mille millions feraient un multiple de 7 moins 1, et ainsi de suite; par conséquent, si on décompose un nombre quelconque en tranches de trois chiffres, à partir de la droite, qu'on fasse la somme des nombres composant les tranches de rangs impairs et qu'on en retranche la somme des nombres composant les tranches de rangs pairs, le reste obtenu sera tel, qu'ajouté à un multiple convenable de 7, il pourrait reproduire le nombre proposé; ce reste ne dépassera généralement pas de beaucoup 1000, et en le divisant par 7, on obtiendrait, en définitive, le reste de la division du nombre proposé par 7.

Ainsi, pour obtenir le reste de la division par 7 du nombre

$$326,543,158,423,514,965,$$

on ferait les sommes :

965	514	et la différence	1931
423	158		998
543	326		933
1931	998		

on diviserait 933 par 7 :

933	7
23	133
23	
2	

et le reste obtenu 2 serait le reste de la division du nombre total par 7.

Telle est la règle qu'on donne habituellement, et dont le lecteur restituera aisément la démonstration, dans les petits détails. Elle conviendrait aussi bien au diviseur 13, puisque 1000 divisés par 13 donnent 12 pour reste, et on la trouverait applicable à beaucoup d'autres nombres en substituant, à des tranches de 3 chiffres, des tranches de 4, 5, 6, etc., chiffres; cependant elle ne conviendrait pas à tous les diviseurs imaginables.

Mais on sait qu'on peut toujours trouver une puissance de 10 qui, diminuée de 1, donne un reste divisible par un nombre choisi à volonté, pourvu qu'il ne soit multiple ni de 2 ni de 5.

La démonstration de ce fait résultera d'une simple remarque, qui se présente d'elle-même, lorsqu'on étudie les propriétés des fractions décimales périodiques, et le lecteur, en tous cas, pourra provisoirement se contenter d'en vérifier l'exactitude sur le diviseur qu'il aurait choisi.

Or, s'il en est ainsi, en décomposant le nombre proposé, à partir de la droite, en tranches d'autant de chiffres qu'il y aura d'unités dans l'exposant de la plus faible puissance de 10 qui, divisée par le diviseur proposé, donnerait 1 pour reste, faisant la somme des nombres représentés par ces tranches, et la divisant par le diviseur essayé, on aura évidemment le reste de la division du nombre proposé par ce diviseur.

Pour appliquer cette règle au diviseur 17, il faudrait décomposer le nombre proposé en tranches de huit chiffres, et s'il s'agissait du diviseur 37, il suffirait de partager le dividende en tranches de trois chiffres.

54. Ce que l'on vient de dire ne convient pas seulement au système décimal, on arriverait, de la même manière, à exprimer, sous une forme analogue, la condition de divisibilité d'un nombre écrit dans un système quelconque, par un autre nombre qui ne fût multiple d'aucun des diviseurs de la base.

55. *Preuves par 9 et par 11 de la multiplication et de la division.* Les règles, que nous avons données pour multiplier une somme par une somme, doivent évidemment permettre d'établir

une relation entre les restes que donneraient un produit et ses deux facteurs, lorsqu'on les diviserait par un même nombre cette relation, lorsqu'elle serait connue, permettrait de soumettre toute multiplication à une preuve, et on passerait ensuite aisément de la preuve de la multiplication à celle de la division. Les restes à calculer, lorsqu'il s'agit des diviseurs 9 et **11**, s'obtiennent si aisément, qu'on a dû songer à mettre cette idée en pratique.

Si les deux facteurs A et A′ d'un produit, divisés par un même nombre D, ont donné les quotients q et q' et les restes R et R′, ces facteurs peuvent recevoir la forme :

$$A = Dq + R$$
$$A' = Dq' + R'$$

et leur produit AA′ celle de $D^2qq' + Dq'R + DqR' + RR'$

Or, sous cette forme $D^2qq' + Dq'R + DqR' + RR'$, il est évident que le produit AA′, composé de multiples de D et du produit RR′ des restes de ses facteurs divisés par D, donnera un reste égal à celui de ce produit RR′ lui-même.

Ainsi : la multiplication de **2653** par **548** nous a donné pour produit **1453844** : si nous soumettons ce résultat aux preuves par 9 et par **11**, nous trouverons :

Restes du multiplicande. .	7 et	2
Restes du multiplicateur. .	8 et	9
Produits des restes . . .	56 et	18
Restes de ces produits . .	2 et	7
Restes du produit 1453844.	2 et	7.

Si le produit était inexact, comme divisé par 9 et par **11**, il donne pour restes ce qu'il doit donner en effet, il faudrait en conclure qu'il est trop fort ou trop faible d'un nombre à la fois multiple de **9** et de **11**.

Dans toute division, le dividende se composant du produit du diviseur par le quotient, augmenté de la partie non divisée, il est aussi évident que le reste du dividende devra se composer du

reste du produit du diviseur par le quotient, augmenté du reste
que donnerait la partie non divisée.

Ainsi la division de 254813 par 418 nous a donné pour
quotient 609 et pour reste 251 ; on vérifierait cette division par
9 et par 11 comme il suit :

Restes du diviseur 418. .	4	et	0
Restes du quotient 609. .	6	et	4
Produits de ces restes. . .	24	et	0
Restes de ces produits. . .	6	et	0
Restes du reste 251. . . .	8	et	9
Sommes de ces restes. . .	14	et	9
Restes de ces sommes. . .	5	et	9
Restes du dividende 254813.	5	et	9

Le dividende, divisé successivément par 9 et par 11, donnant
les restes qu'il doit, en effet, fournir, on en conclut que chacun des quatre nombres en question, dividende, diviseur, quotient ou reste, s'il était inexact par rapport aux trois autres, serait
trop grand ou trop petit d'un nombre à la fois multiple de 9 et
de 11, en exceptant toutefois le cas où 9 et 11 seraient facteurs,
soit du diviseur, soit du quotient, soit de tous deux à la fois ;
car, si le diviseur, par exemple, était divisible par 99, pourvu
que le reste de la division eût été trouvé juste, on pourrait s'être
trompé, n'importe de quelle manière, dans le quotient, sans que
l'erreur pût être accusée par les preuves dont il s'agit ici.

EXERCICES.

I. Un nombre est divisible par 6 lorsque le chiffre de ses unités, ajouté à quatre fois la somme de tous ses autres chiffres,
donne une somme divisible par 6.

II. Un nombre est divisible par 4, lorsque le chiffre de ses
unités, ajouté au double du chiffre de ses dizaines, donne une
somme divisible par 4.

III. Un nombre est divisible par 8 lorsque le chiffre de ses unités, ajouté au double du chiffre de ses dizaines et à quatre fois celui de ses centaines, donne une somme divisible par **8**.

IV. Un nombre est divisible par 99 lorsque, l'ayant séparé en ranches de deux chiffres à partir de la droite, on trouve pour somme de ces tranches un nombre divisible par 99.

V. La somme des carrés de deux nombres entiers ne peut être divisible par 7, à moins que les nombres ne soient eux-mêmes divisibles par 7.

VI. La différence des sixièmes puissances de deux nombres non divisibles par 3 est toujours divisible par 9.

VII. Lorsque le carré d'un nombre, diminué de 13, est divisible par 9, ce nombre divisé par 9, donne pour reste 2 ou 7.—La réciproque est vraie.

VIII. Deux nombres quelconques divisés par leur différence donnent des restes égaux.

IX. Deux puissances semblables de deux nombres différents, divisées par la différence de ces nombres, donnent des restes égaux.

X. La différence de deux puissances semblables de deux nombres différents est divisible exactement par la différence de ces nombres.

CHAPITRE VII.

Théorie du plus grand commun diviseur.

56. Nous avons vu que lorsqu'une division doit réussir, si le dividende et le diviseur sont des multiples d'un même nombre, on peut les diviser par ce nombre et les remplacer par les quotients obtenus. On fait un fréquent usage de cette transformation, soit dans la pratique du calcul, soit dans les explications théoriques ; mais, pour en retirer tous les avantages possibles, au lieu de diviser les deux nombres proposés par un quelconque de leurs diviseurs communs, il convient d'employer leur plus grand commun diviseur, afin de réduire davantage les nombres sur lesquels il restera à opérer.

La recherche du plus grand commun diviseur de deux nombres n'exige l'intervention d'aucun principe nouveau. Pour l'obtenir, on divise le plus grand des deux nombres proposés par le plus petit, le plus petit par le reste obtenu, le premier reste par le second, le second par le troisième, et ainsi de suite, jusqu'à ce qu'on arrive à un dernier reste qui divise le précédent, ce dernier reste est le plus grand commun diviseur cherché.

En effet, tout diviseur commun à deux nombres divise le reste de leur division, ou, est un diviseur commun du plus petit de ces

ᕽ nombres et du reste de leur division ; il est, pour la même raison, diviseur commun de ce premier reste et du second, obtenu en divisant le plus petit des deux nombres donnés par le premier reste ; il est encore diviseur commun du second reste et du troisième, et ainsi de suite ;

En d'autres termes, si l'on divise le plus grand des deux nombres donnés par le plus petit, le plus petit par le premier reste obtenu, le premier reste par le second, et ainsi de suite, deux quelconques des restes consécutifs obtenus auront toujours pour diviseurs communs ceux des deux nombres proposés ; or, ces restes diminuant sans cesse, si l'on pousse l'opération assez loin, on finira toujours par en trouver un qui divise le précédent, et tous les diviseurs communs aux deux nombres proposés seront diviseurs de ce dernier reste ; le dernier reste obtenu serait donc, en tous cas, une limite du plus grand commun diviseur cherché ; mais on va voir qu'il divisera les deux nombres proposés, et que, par conséquent, il en sera le plus grand commun diviseur.

Cela résulte, sans nouvelle démonstration, de ce que, dans toute division où le diviseur et le reste sont multiples d'un même nombre, le dividende l'est aussi, comme étant composé d'une somme de multiples de ce nombre. En vertu de cette remarque, le dernier reste, diviseur de lui-même et de l'avant-dernier, le sera aussi de l'antépénultième, puis de celui qui en a trois après lui, puis du plus petit des deux nombres donnés, et enfin du plus grand.

Au reste, les mêmes raisons permettraient d'établir directement que, de trois restes consécutifs quelconques, les deux premiers ont exactement tous les mêmes diviseurs communs que les deux derniers ; et en procédant ainsi, on aurait établi à l'avance, que le dernier reste, qui sera toujours le plus grand diviseur commun à lui-même et au précédent, sera par là même le plus grand commun diviseur cherché.

57. Il ne sera pas inutile de reprendre cette démonstration sur un exemple :

Soit à chercher le plus grand commun diviseur de **9195** et **4515**, on disposera l'opération comme ci-dessous :

	2	27	2	1	3
9195	4515	165	60	45	15
165	1215	45	15	0	
	60				

les quotients successifs seront 2, 27, 2, 1, 3, et les restes 165, 60, 45 et 15.

On aura donc

$$9195 = 4515 \times 2 + 165$$
$$4515 = 165 \times 27 + 60$$
$$165 = 60 \times 2 + 45$$
$$60 = 45 \times 1 + 15$$
$$\text{et} \quad 45 = 15 \times 13.$$

15 sera le plus grand commun diviseur cherché. En effet, suivant le premier mode de démonstration :

Tout diviseur commun à 9195 et à 4515 est aussi diviseur de 165, parce que 9195 est un multiple de ce nombre, que 4515 en étant aussi un multiple, à plus forte raison 4515×2 l'est-il, et qu'enfin 165 n'est que la différence entre 9195 et 4515×2, deux multiples de ce diviseur commun ;

De la même manière, tout diviseur commun à 9195, à 4515 et à 165 l'est aussi à 60, à 45, à 15 enfin ; il ne peut donc dépasser 15 ;

Mais 15, diviseur de lui-même et de 45, l'est de leur somme 60 ; diviseur de 45 et de 60 et *à fortiori* de 60×2, il l'est de la somme $60 \times 2 + 45$ ou 165 ; diviseur de 60 et de 165 et *à fortiori* de 165×27, il l'est encore de 4515, et enfin, diviseur de 165 et de 4515, il l'est aussi de 9195.

De telle sorte que 15, diviseur commun à 9195 et à 4515, ne pouvant d'ailleurs être surpassé par aucun autre diviseur commun à ces deux nombres, est forcément leur plus grand commun diviseur.

Autrement :

l'égalité

$$9195 = 4515 \times 2 + 165$$

montre que tout commun diviseur de 9195 et de 4515 étant aussi diviseur de 4515×2, l'est, par suite, de la différence 165, et réciproquement, que tout commun diviseur de 165 et de 4515 étant aussi diviseur de 4515×2, l'est également de leur somme 9195 ;

De telle sorte que les communs diviseurs de 9195 et de 4515

sont les mêmes et en même nombre que les communs diviseurs de 4515 et de 165, et que, par conséquent, le plus grand commun diviseur est le même de part et d'autre.

58. Deux nombres n'ont pas toujours de diviseur commun, ou du moins leur plus grand commun diviseur peut être 1 ; dans ce cas, ils sont dits *premiers* entre eux.

59. *Du plus grand diviseur commun de plusieurs nombres.* — La recherche du plus grand commun diviseur de plusieurs nombres se présente moins fréquemment que celle du plus grand commun diviseur de deux nombres seulement ; on pourrait citer cependant, comme application de cette recherche, la simplification par division d'une égalité numérique dont les deux membres seraient composés de parties additives et soustractives. Si une égalité est exacte, on peut en diviser les deux membres par un même nombre, l'égalité subsistera vraie ; d'un autre côté, pour diviser le résultat définitif de plusieurs additions et soustractions indiquées, on peut diviser les nombres sur lesquels ces additions et soustractions devraient porter ; on peut donc diviser, lorsqu'il y a lieu, tous les termes d'une égalité par un même nombre, et cette transformation est souvent usitée dans les recherches théoriques ; or, au lieu d'un diviseur quelconque, on peut employer à cet usage le plus grand commun diviseur de tous les termes de l'égalité, la simplification obtenue en est plus considérable.

La recherche du plus grand commun diviseur de plusieurs nombres pourrait être préparée de bien des manières différentes : on pourrait substituer à deux quelconques de ces nombres deux des restes consécutifs qu'on obtiendrait en recherchant leur plus grand commun diviseur, et répéter, autant de fois qu'on le voudrait, la même transformation, en accouplant, comme ou voudrait chaque fois, soit ceux des nombres proposés qui n'auraient pas encore été remplacés, soit ceux qu'on aurait mis à leur place.

On peut même en quelque sorte remplacer deux des nombres proposés par un seul qui en tienne complétement lieu, et répéter cette réduction jusqu'à ce qu'on n'ait plus qu'un seul nombre qui sera à lui-même son plus grand commun diviseur, et par conséquent le plus grand commun diviseur des proposés; voici comment :

On peut remplacer, avons-nous dit, deux des nombres proposés par deux des restes consécutifs qu'on obtiendrait en recherchant leur plus grand commun diviseur. Or, rien n'empêchera d'étendre ce principe même au reste nul qui suivrait celui qu'on nomme habituellement le dernier et qui est le plus grand commun diviseur des nombres sur lesquels on a opéré. Comme 0 est divisible par tous les nombres, on exprimerait par là simplement que tous les diviseurs communs de deux nombres sont diviseurs de leur plus grand commun diviseur, et réciproquement, ce que la théorie exposée plus haut établit évidemment.

Ainsi on substituerait aux deux premiers nombres proposés leur plus grand commun diviseur, à ce plus grand commun diviseur, et au troisième nombre leur plus grand commun diviseur, et ainsi de suite; le dernier plus grand commun diviseur serait le plus grand commun diviseur des nombres proposés.

On peut d'ailleurs établir directement la règle qui vient d'être énoncée. Soient les nombres proposés :

$$2520 \quad 594 \text{ et } 306;$$

on trouvera 18 pour plus grand commun diviseur de 2520 et 594, et 6 pour plus grand commun diviseur de 306 et 18, il s'agit d'établir que 6 sera le plus grand commun diviseur des trois nombres proposés.

En effet, comme tout nombre, qui en divise deux autres, divise leur plus grand commun diviseur, et que tout nombre, qui en divise un autre, divise ses multiples, le plus grand commun diviseur cherché des nombres 2520, 594, 306, divisant 2520 et 594, devra diviser leur plus grand commun diviseur 18; divisant 18 et 594, il devra diviser leur plus grand commun diviseur 6, il ne saurait donc dépasser 6; mais d'un autre côté, 6 divise 306 et 18, et, divisant 18, il divise ses multiples 574 et 2520, il divise donc les trois nombres proposés.

60. **Propriétés du plus grand commun diviseur**. La théorie même sur laquelle nous avons établi la règle à suivre pour trouver le plus grand commun diviseur de deux nombres, nous a appris, incidemment, que tout nombre qui en divise deux autres, divise leur plus grand commun diviseur. On peut compléter cet énoncé de la manière suivante : *Si on multiplie, ou, qu'on divise deux nombres par un troisième, le plus grand commun diviseur des produits ou des quotients, est le produit, ou, le quotient, par le même troisième nombre, du plus grand commun .diviseur des deux premiers.*

En effet, on sait que si on multiplie deux nombres par un troisième, le quotient de la division des produits obtenus est le même que celui qu'auraient donné les nombres proposés, et que le reste ae cette division est le produit par le même troisième nombre, de celui qu'on eût d'abord obtenu.

Si donc, après avoir effectué les opérations nécessaires pour obtenir le plus grand commun diviseur de deux nombres, on les reprend pour obtenir le plus grand commun diviseur des produits de ces deux nombres par un troisième, le premier reste de la seconde suite sera le produit du premier reste de la première par le nombre employé ; par suite et pour les mêmes raisons, le second reste de la seconde suite sera aussi le produit du second reste de la première par le même nombre, et la même relation se perpétuera entre les restes de même rang dans les deux suites ; le nombre de ces restes sera d'ailleurs le même de part et d'autre, puisque le dernier reste, 0, de la première suite, produira le reste 0 de la seconde, par conséquent, les deux plus grands communs diviseurs seront deux restes de même rang, et le second sera toujours égal au produit du premier par le nombre par lequel on aura multiplié les deux nombres proposés.

La seconde alternative, renfermée dans l'énoncé du théorème, n'est que l'inverse de la première; on pourrait donc la regarder comme démontrée dès que la première l'est ; mais, d'ailleurs, on pourra en refaire aisément une démonstration directe ; nous nous bornerons à prévenir que l'énoncé suppose, bien entendu, que les deux nombres proposés soient exactement divisibles par le diviseur employé.

61. *Les quotients de deux nombres par leur plus grand commun diviseur n'ont plus d'autre commun diviseur que l'unité;* car dans l'hypothèse contraire, d'après le théorème précédent, les deux nombres proposés seraient divisibles par le produit de leur plus grand commun diviseur, par celui des quotients qu'ils ont donnés, c'est-à-dire par un nombre plus grand que leur plus grand commun diviseur, ce qui est absurde.

CHAPITRE VIII.

Théorie des nombres premiers.

62. La simplification d'une formule par la suppression simultanée de multiplications et divisions opposées, qui se détruiraient, simplification basée, en théorie, sur les principes relatifs à la multiplication et à la division, et fondée en pratique sur la recherche, soit des diviseurs d'un nombre, soit du plus grand commun diviseur de plusieurs nombres, pourrait dès maintenant être tentée sur tel exemple que l'on voudrait : la théorie des nombres premiers n'ajoutera rien aux moyens déjà acquis de l'opérer ; elle a pour objet de montrer que, dans chaque cas, la simplification, poussée aussi loin que possible, doit conduire toujours au même résultat, quelle que soit la manière dont on l'ait tentée, ou en d'autres termes qu'on pourra toujours effectuer toute réduction dès qu'on la reconnaîtra possible, sans jamais avoir à craindre qu'elle ne vienne pas à sa place, qu'une fois faite, elle n'enlève la faculté d'en opérer une autre, qui peut-être eût été plus avantageuse, etc.

Si l'on avait à simplifier, par exemple, la formule

$$\frac{150 \times 33 \times 64 \times 26 \times 34}{12 \times 24 \times 51 \times 9}$$

sachant, au reste, que le résultat définitif des opérations qui y sont indiquées doit être un nombre entier : comme on peut diviser par un même nombre les deux termes d'une division, sans changer le quotient, et que, pour diviser un produit par un nombre, il suffit de diviser l'un de ses facteurs, apercevant d'ailleurs le facteur 2 dans 150, 64, 26 et 34 au dividende, et dans 12 et 24 au diviseur, le facteur 3 dans 150 et 33 au dividende, et dans

12, 24 et 9 au diviseur, etc., on aurait immédiatement en main
un grand nombre de moyens de simplifier la formule ; mais une
quantité de questions préalables se présenteraient en foule à l'esprit : n'y aurait-il pas un certain ordre à établir dans toutes ces
simplifications, pour n'en manquer aucune et arriver au résultat
le plus simple possible ? Si on divisait 150 et 24 par 2, les quotients seraient-ils ensuite divisibles par 3, et ne se serait-on pas
privé de la faculté de diviser préférablement 150 et 24 par 3,
sauf à négliger la division par 2 si, alors, elle n'était plus possible ?
Si on veut enlever le facteur 3 'ans 150, vaudra-t-il mieux l'enlever en même temps dans 12, dans 24 ou dans 9 ?

63. La théorie des nombres premiers, réduit tous ces scru-
pules à néant, et donne à l'esprit une satisfaction qu'il réclame :
c'est là son principal but ; elle se réduit, en quelque sorte, à ce
théorème entendu dans sa plus grande généralité : *un nombre,
qu'il soit déjà calculé, ou qu'il doive provenir de multiplications
et de divisions superposées, n'est jamais décomposable, toutes
réductions faites, qu'en un seul système de facteurs premiers,
ou simples, c'est-à-dire indécomposables eux-mêmes en d'autres
facteurs.*

64. Nous commencerons cette théorie par ce qui touche à
l'existence même des nombres premiers et à leur recherche.
Puisqu'on nomme facteur ou nombre premier, un nombre qui
n'est pas décomposable en d'autres facteurs, par suite immé-
diate, tout nombre qui n'est pas premier, est décomposable en
facteurs ; si ces facteurs ne sont pas premiers, ils sont eux-mêmes
décomposables, et la décomposition successive qu'on en fera finira toujours par donner des facteurs premiers, sans quoi un
nombre fini pourrait être le produit d'un nombre indéfini de facteurs, et il est facile de se convaincre que le produit de nombres
égaux à 2, seulement, dépasserait bien vite toute limite assignée.

*Tout nombre qui n'est pas premier est donc décomposable en
facteurs premiers.*

65. D'ailleurs, *la suite des nombres premiers est illimitée*, ou en d'autres termes, quelque loin qu'on ait poussé une table de nombres premiers, il en existera de plus grands encore que ceux qu'on aura déjà reconnus : en effet, soit P le dernier nombre premier reconnu, concevons le produit

$$2 \times 3 \times 5 ..... \times P,$$

de tous ceux qui ont déjà été obtenus, et ajoutons-y une unité : le nombre $2 \times 3 \times 5 .... \times P + 1$ sera, ou premier, ou décomposable en facteurs premiers ; mais il ne sera divisible par aucun des nombres premiers moindres que P, puisqu'il se composera de deux parties, l'une $2 \times 3 \times 5 ... \times P$, divisible par chacun d'eux, et l'autre, 1, qui ne l'est par aucun ; ses facteurs premiers seront donc différents des nombres premiers déjà connus, c'est-à-dire plus grands que le dernier d'entre eux.

66. La formation d'une table de nombres premiers se réduit à une opération très simple : on écrit la suite des nombres entiers :

$$1, 2, 3, 4, 5, 6, 7, 8, 9, 10, 11, 12, 13, 14, 15, 16, 17, 18, 19,$$
$$20, 21, 22, 23, 24, 25, \text{etc.,}$$

jusqu'à ce qu'on soit parvenu à la limite qu'on veut atteindre, puis on barre les multiples de 2, c'est-à-dire tous les nombres écrits de deux en deux à partir de 4 : 4, 6, 8, 10, 12, 14, 16, etc. ; ensuite les multiples de 3, c'est-à-dire tous les nombres écrits de trois en trois, à partir de 6, savoir : 6, 9, 12, etc. ; les nombres divisibles par 4 l'étant par 2, sont déjà barrés, on passe donc aux multiples de 5, qu'on efface toujours de la même manière ; les multiples de 6 sont déjà effacés, soit comme multiples de 2, soit comme multiples de 3, on passe donc aux multiples de 7, et on continue ainsi, en évitant toujours de rechercher les multiples d'un nombre déjà effacé, lorsque son tour arriverait.

Chacun des nombres qui n'a pas encore été barré, lorsque son tour est venu, est un nombre premier, et lorsque, évitant toujours de rechercher les multiples des nombres déjà barrés, on a cependant donné son tour, par ordre, à chacun des nombres primitivement écrits, le travail est achevé, la table construite, les nombres restants non barrés sont les nombres premiers qu'on cherchait.

Voici la table des nombres premiers jusqu'à 1500 :

1	89	223	359	503	659	827	997	1163	1321
2	97	227	367	509	661	829	1009	1171	1327
3	101	229	373	521	673	839	1013	1181	1361
5	103	233	379	523	677	853	1019	1187	1367
7	107	239	383	541	683	557	1021	1193	1373
11	109	241	389	547	691	859	1031	1201	1381
13	113	251	397	557	701	863	1033	1213	1399
17	127	257	401	563	709	877	1039	1217	1409
19	131	263	409	569	719	881	1049	1223	1423
23	137	269	419	571	727	883	1051	1229	1427
29	139	271	421	577	733	887	1061	1231	1429
31	149	277	431	587	739	907	1063	1237	1433
37	151	281	433	593	743	911	1069	1249	1439
41	157	283	439	599	751	919	1087	1259	1447
43	163	293	443	601	757	929	1091	1277	1451
47	167	307	449	607	761	937	1093	1279	1453
53	173	311	457	613	769	941	1097	1283	1459
59	179	213	461	617	773	947	1103	1189	1471
61	181	317	463	619	787	953	1109	1291	1481
67	191	331	467	631	797	967	1117	1297	1483
71	193	337	479	641	809	971	1123	1301	1487
73	197	347	487	643	811	977	1129	1303	1489
79	199	349	491	647	821	983	1151	1397	1493
83	211	353	499	653	823	991	1153	1319	1499

elle peut suffire pour reconnaître si un nombre inférieur à 2250000, c'est-à-dire au carré de 1500, est ou non premier.

En effet, en général, tout nombre qui n'est divisible par aucun des nombres premiers, dont les carrés lui sont inférieurs, ne l'est non plus par aucun de ceux dont les carrés lui sont supérieurs; car, de deux facteurs inégaux qui composent un nombre, le plus petit donne toujours un carré moindre que ce nombre, et le plus grand, un carré plus grand, en sorte que l'existence d'un diviseur satisfaisant à l'une des conditions prouve suffisammen l'existence d'un autre satisfaisant à la condition contraire.

Un nombre moindre que 2250000, qui n'a pas de diviseur plus petit que 1500, est donc premier.

Pour les mêmes motifs, et de quelque table de nombres premiers qu'on se serve, si l'on veut constater la priorité dans un nombre, il suffira toujours de le diviser successivement par tous les nombres premiers qui donneraient un carré moindre que lui.

67. Ces préliminaires posés, nous revenons au théorème fondamental que nous avons énoncé plus haut, qu'un nombre n'est décomposable qu'en un seul système de facteurs premiers.

Cette proposition se décompose en deux autres : nous démontrerons d'abord que, de quelque manière qu'on ait décomposé un nombre en facteurs, ses facteurs premiers se retrouveront toujours dans ses facteurs non premiers ; en second lieu, nous ferons voir que, de quelque manière qu'on ait décomposé le nombre en facteurs de plus en plus simples, dès qu'on sera arrivé à des facteurs premiers, le résultat définitif sera toujours le même, c'est-à-dire donnera toujours les mêmes facteurs premiers au même degré de multiplicité.

La première proposition revient évidemment à celle-ci : un nombre premier ne peut être facteur d'un produit sans l'être de l'un des facteurs de ce produit, ou bien, un nombre premier ne peut diviser un produit sans diviser un de ses facteurs.

Or, supposons d'abord qu'il ne s'agisse que d'un produit de deux facteurs seulement ; et ainsi soit un nombre premier P, qui divise un produit $A \times B$ et ne divise pas B : P ne pouvant être divisé que par lui-même et ne divisant pas B, la recherche du plus grand commun diviseur entre ces nombres donnerait donc 1 pour dernier reste ; les produits de ces nombres par A, $A \times B$ et $A \times P$, auraient donc pour plus grand commun diviseur A, et, dès lors, P divisant $A \times B$, par hypothèse, et $A \times P$, parce qu'il y entre comme facteur, diviserait aussi A, leur plus grand commun diviseur.

En second lieu, s'il s'agit d'un produit de tant de facteurs qu'on voudra, soit un nombre premier P, qui divise un produit $A \times B \times C \times D \times E$ et ne divise ni E, ni D, ni C, ni B ; d'après ce qui précède, ne divisant pas E, il divisera l'autre facteur $A \times B \times C \times D$, de même, divisant $A \times B \times C \times D$, et ne divisant pas D, il divisera $A \times B \times C$; divisant $A \times B \times C$ et ne divisant pas C, il divisera $A \times B$; enfin, divisant $A \times B$ et ne divisant pas B, il divisera A.

Ainsi donc, un nombre premier ne peut pas ne diviser aucun des facteurs d'un produit dont il est lui-même facteur, ou, ce qui revient au même, un nombre premier ne peut être dans un produit, s'il n'est dans un de ses facteurs au moins. Par conséquent, de quelque manière qu'on décompose un nombre en facteurs premiers, on les retrouvera toujours les mêmes. Il reste donc à démontrer seulement qu'ils seront toujours, chacun, répétés le même nombre de fois, ou que deux produits de facteurs premiers ne peuvent être égaux, si les mêmes facteurs n'y sont répétés le même nombre de fois.

Cette proposition se ramène à la précédente; en effet, si l'on ne voit pas immédiatement l'inégalité des deux produits

$$2^5 \times 5 \times 7^2 \times 11 \text{ et } 2^5 \times 5^2 \times 7 \times 11,$$

il suffira, pour la rendre évidente, de diviser ces nombres par l'un des facteurs qui ne se trouve pas le même nombre de fois dans les deux, et de répéter la même opération jusqu'à ce qu'ayant fait disparaître ce facteur de l'un des produits, tandis qu'il se trouverait encore dans l'autre, on soit ramené au cas précédent.

Si l'on divisait les deux produits ci-dessus par 2^2, ils donneraient les quotients

$$2^3 \times 5 \times 7^2 \times 11 \text{ et } 5^2 \times 7 \times 11,$$

nécessairement inégaux, puisque le premier serait divisible par 2, et que le second ne le serait pas.

68. Il était important de parvenir, le plus directement possible, au résultat que nous avions en vue, et d'éviter de donner trop d'importance à des théorèmes secondaires, qui ne sont que des corollaires, peu fréquemment invoqués, de la proposition principale; nous ne les omettrons pas, cependant, d'une manière complète.

Nous remarquerons les suivants :

69. *Un nombre qui divise un produit de deux facteurs et qui est premier avec l'un d'eux divise l'autre.* Cette proposition se démontre comme celle du numéro 67.

70. *Un nombre qui est premier avec tous les facteurs d'un produit est premier avec ce produit;* car le nombre considéré et le produit, s'ils n'étaient pas premiers entre eux, auraient au moins un facteur premier commun, qui diviserait l'un des facteurs du produit, et ce facteur ne serait plus premier avec le nombre proposé.

71. *Si deux nombres sont premiers entre eux, leurs puissances sont premières entre elles;* car un diviseur premier commun de ces puissances diviserait les deux nombres qui les forment, et ces nombres ne seraient plus premiers entre eux.

72. *Un nombre divisible par plusieurs autres nombres, premiers entre eux deux à deux, est divisible par leur produit;* car si les nombres premiers entre eux deux à deux A, B, C, divisent un nombre N; N, étant divisible par A, sera égal à A multiplié par un certain quotient Q :

$$N = A \times Q,$$

B divisant N ou $A \times Q$, et étant premier avec A, divisera Q, et Q sera égal à B multiplié par un certain quotient Q' :

$$Q = B \times Q',$$

par conséquent N, produit de A par Q, sera aussi bien le produit de A par B par Q' :

$$N = A \times B \times Q'.$$
$$\text{ou} \qquad (A \times B) \times Q',$$

De même, C divisant N, et étant premier avec A et avec B, et par conséquent avec leur produit, divisera Q', qui, par conséquent, sera égal à C multiplié par un certain quotient Q" :

$$Q' = C \times Q'',$$

par conséquent N sera le produit de A par B par C et par Q'' :

$$N = (A \times B \times C) \times Q'',$$

il sera donc divisible par le produit $A \times B \times C$.

73. *Pour que deux nombres soient divisibles l'un par l'autre, il faut et il suffit que le diviseur n'ait pas de facteurs premiers qui n'appartiennent au dividende et n'y soient répétés au moins le même nombre de fois.* — Si en effet un nombre A est divisible par un autre nombre B, il est égal à B multiplié par un certain quotient Q; par conséquent il est le produit des facteurs premiers qui composent B et de ceux qui composent Q.

74. On pourrait multiplier presque indéfiniment les propositions de ce genre. Nous nous contentons de mentionner les plus intéressantes.

75. La décomposition des nombres en leurs facteurs premiers est d'un usage commode dans la recherche de leur plus grand commun diviseur ou de leur plus petit multiple.

En effet, d'après la proposition du n° 73, tout diviseur commun à plusieurs nombres ne peut se composer que de leurs facteurs premiers communs, et ne doit contenir chacun d'eux qu'à une puissance au plus égale à celle à laquelle il entre dans celui des nombres proposés où sa puissance est la plus faible. *Le plus grand commun diviseur de plusieurs nombres est donc le produit de leurs facteurs premiers communs, chacun d'eux élevé à la puissance à laquelle il entre dans celui des nombres proposés où sa puissance est la plus faible. Et de même, le plus petit multiple de plusieurs nombres,* ou le plus petit nombre divisible par chacun d'eux , *est le produit de leurs facteurs premiers, chacun d'eux élevé à la puissance à laquelle il entre dans celui des nombres proposés où sa puissance est la plus forte.*

76. Il ne nous reste plus qu'à expliquer comment on décom-

pose un nombre en ses facteurs premiers, et comment, ensuite, on en trouve tous les diviseurs, si on le veut.

Pour décomposer un nombre en ses facteurs premiers, on pourrait d'abord le décomposer en facteurs quelconques, si on lui en connaissait, ceux-là en d'autres, et ainsi de suite, jusqu'à ce qu'on n'eût plus que des facteurs premiers; mais il est préférable de mettre d'abord en évidence ses plus petits facteurs premiers, qu'il est toujours plus aisé de découvrir.

On divise donc le nombre proposé par 2, si cela se peut, le quotient obtenu par 2 encore, si c'est encore possible, et on continue de même jusqu'à ce qu'on arrive à un quotient qui ne renferme plus ce facteur; on divise le dernier quotient obtenu par 3, s'il est possible, et le nouveau encore par 3, et ainsi tant qu'il est possible; on passe ensuite aux facteurs premiers 5, 7, etc., et on continue jusqu'à ce que le dernier quotient obtenu soit un nombre premier.

Le nombre proposé est égal au produit des diviseurs premiers qui ont donné des quotients exacts, chacun d'eux élevé à une puissance indiquée par le nombre de fois qu'il a pu être pris successivement comme diviseur, sans donner de reste.

Quant aux diviseurs premiers ou non premiers d'un nombre déjà décomposé en ses facteurs premiers, on les obtient en formant tous les produits 1 à 1, 2 à 2, 3 à 3, etc., de ces facteurs et de leurs puissances qui ne dépassent pas celles où ils entrent dans le nombre proposé. Pour n'en omettre aucun, on les forme méthodiquement d'une manière qu'un seul exemple fera comprendre.

77. S'il s'agit par exemple du nombre

$$2^3 \times 5^2 \times 7^3 \times 11,$$

on écrit d'abord le diviseur 1 et les diviseurs composés du facteur 2 seulement,

$$1, 2, 4, 8;$$

on multiplie, par ordre, tous ces nombres par les diviseurs composés du facteur 5 seulement, 5 et 25, et on écrit les produits obtenus à la suite de la première liste ; on a ainsi :

$$1, 2, 4, 8, 5, 10, 20, 40, 25, 50, 100, 200,$$

qui sont tous les diviseurs du nombre proposé, composés des facteurs 2 et 5 seulement ; on les multiplierait encore par ordre par les diviseurs composés du facteur 7 seulement, $7, 7^2, 7^3$, et on écrirait les résultats obtenus à la suite des précédents, ce qui donnerait tous les diviseurs du nombre qui ne contiendraient que les facteurs 2, 5 et 7, et ainsi de suite.

EXERCICES.

I. Le plus petit multiple de deux nombres est le produit de leur plus grand commun diviseur par les quotients qu'ils donneraient, étant divisés par ce plus grand commun diviseur.

II. Trouver une limite supérieure du nombre des divisions à faire dans la recherche du plus grand commun diviseur de deux nombres.

III. Démontrer que le plus grand commun diviseur de deux nombres A et B est égal au nombre des multiples de B contenus dans la suite :

$$A, A \times 2, A \times 3....., A \times B.$$

IV. Démontrer que si l'on divise le plus petit commun multiple de plusieurs nombres par chacun de ces nombres séparément, les quotients que l'on obtient sont premiers entre eux.

V. Tout diviseur commun à deux nombres, l'un composé rien que de 9, et l'autre composé de chiffres quelconques, mais en pareil nombre, est aussi diviseur des nombres qu'on formerait en transposant de la gauche à la droite, ou inversement, mais par ordre, les chiffres du second nombre ; en d'autres termes : si les chiffres du second nombre étaient rangés en cercle, on pourrait le lire de gauche à droite, en prenant pour point de départ tel chiffre qu'on voudrait ; le nombre lu serait toujours divisible par le diviseur en question.

VI. Si n désigne un nombre entier quelconque, le produit $n(n+1)(2n+1)$ est divisible par 6.

VII. Si l'on range les diviseurs d'un nombre par ordre de grandeur, en commençant par 1 et finissant par le nombre lui-même, le produit de deux de ces diviseurs, pris à égale distance des extrêmes, est égal au nombre en question. — Le nombre total des diviseurs d'un nombre est pair, à moins que ce nombre ne soit carré parfait.

VIII. Le carré d'un nombre premier, diminué d'une unité, est toujours divisible par 12 (il faut excepter les carrés des nombres 2 et 3).

IX. Les nombres premiers autres que 2 et 3, étant tous des multiples de 6 augmentés ou diminués de 1, démontrer qu'il y y en a une infinité de la seconde espèce.

X. Les nombres premiers autres que 2 étant des multiples de 4 augmentés ou diminués de 1, démontrer qu'il y en a une infinité de la seconde espèce.

XI. Démontrer que si a et b désignent deux nombres premiers entre eux, $a+b$ et a^2+b^2-ab ne peuvent avoir d'autre commun diviseur que 3.

XII. Trouver le plus petit des nombres qui ont un nombre donné de diviseurs.

XIII. De combien de manières peut-on décomposer un nombre en deux facteurs premiers entre eux?

XIV. Si $ab-a'b'$ et $a-a'$ sont divisibles par un nombre premier séparément avec a, b, a' et b', $b-b'$ est aussi divisible par ce nombre.

XV. Si l'on marque m points sur la circonférence d'un cercle, et qu'on joigne ces points de n en n, 1° on finira toujours par revenir au point de départ; 2° si m et n sont premiers entre eux, on n'y reviendra qu'après avoir rencontré tous les autres points de division; 3° si m et n ne sont pas premiers entre eux, le nombre des points rencontrés sera un diviseur de m.

XVI. Le produit de tous les nombres entiers consécutifs, depuis 1 jusqu'à $p-1$, est toujours divisible par p, si p n'est pas premier, et ne l'est jamais dans le cas contraire.

XVII. Si a et b sont premiers entre eux, le plus grand commun diviseur de $a + b$ et de $a - b$ est au plus 2.

PROBLÈMES.

I. Trois tiroirs d'un meuble contiennent de l'argent; dans les deux premiers se trouvent 8023 fr., dans le premier et le troisième 9134; enfin, dans le deuxième et le troisième 10245 fr. Combien y a-t-il dans chaque tiroir séparément?

II. 250 pièces de 20 et de 5 francs font 3500 fr. Combien y a-t-il de pièces de chaque espèce?

III. 2 kilogr. de café et 5 kilogr. de thé coûtent 124 fr., et 2 kilogr. de café avec 12 kilogr. de thé coûteraient 292 fr. Quels sont les prix du café et du thé?

IV. Trouver un nombre inférieur à 15000 qui, divisé par 8, par 12, par 15 et par 18 séparément, donne toujours pour reste 5, et qui soit divisible par 25.

SECONDE PARTIE.

NOMBRES FRACTIONNAIRES.

78. Comme nous l'avons dit dans notre introduction , quand on spécule sur des objets naturellement indécomposables, les questions de nombres qu'on peut avoir à résoudre ne sont jamais que des questions de nombres entiers, et alors , si une question se trouvait telle, qu'il n'y eût pas de nombre entier qui pût y satisfaire, elle serait insoluble ; on ne pourrait que chercher à s'écarter le moins possible des conditions qui en traduiraient l'énoncé.

Il n'en est plus de même dès qu'il s'agit de grandeurs essentiellement subdivisibles à l'infini, dont les parties conservent intégralement toutes les propriétés du tout sous une amplitude moins considérable.

Les données d'une même question, alors, peuvent être représentées par des nombres entiers, ou par des nombres fractionnaires, selon qu'on les rapporte à telles ou telles unités prises dans une même échelle, c'est-à-dire multiples, ou sous-multiples les unes des autres ; et, pareillement, chaque inconnue, représentée, dans la solution obtenue, par un nombre entier, ou par un nombre fractionnaire, aurait pu, aussi bien, se trouver représentée par un nombre fractionnaire, ou par un nombre entier, si l'unité choisie pour y rapporter les grandeurs de son espèce avait été prise certain nombre de fois plus grande ou plus petite.

Ainsi, une question de sixièmes de toises , de cinquièmes de francs et de dixièmes de kilogrammes sera, si l'on veut, une question de pieds, de pièces de vingt centimes et d'hectogrammes ; si l'inconnue de cette question était une longueur qui s'exprimât par un nombre fractionnaire en demi-pieds, elle eût pu tout aussi bien être représentée par un nombre entier de pouces.

Il n'est pas de cas où l'on ne puisse éviter l'emploi des nombres fractionnaires ; on le fait à chaque instant sans s'en rendre compte, et, non-seulement cette manière de procéder sera toujours celle qui se présentera la première à l'esprit de toute personne qui ne se sera pas rompue aux exercices du calcul des nombres fractionnaires, mais on pourrait même l'ériger en méthode scientifique. A la vérité on n'arriverait ainsi qu'à dissimuler un fait et à supprimer une idée.

La théorie abstraite des fractions ou nombres fractionnaires a, en effet, pour objet la réduction générale des questions, où ces nombres se présentent, à des questions correspondantes de nombres entiers, et l'on ne parvient à opérer logiquement cette réduction que par des changements d'unités ; mais, par cela même qu'on aura fait usage de cette méthode dans le raisonnement général, elle se trouvera bannie de la pratique, lorsque les règles propres aux différentes opérations auront pu être formulées.

CHAPITRE IX.

Rapports et proportions.

79. Deux grandeurs de même espèce pourraient être comparées l'une à l'autre sous bien des points de vue divers, et à chaque mode de comparaison correspondrait un rapport entre ces grandeurs, une manière de concevoir l'une comme formée ou déduite de l'autre.

Mais on entend plus spécialement par rapport entre deux grandeurs de même espèce la fraction qui indique, d'une part, combien de parties de la seconde contient la première, et de l'autre, quelles sont ces parties de la seconde. Le rapport de deux grandeurs s'exprime par deux nombres entiers appelés, l'un *numérateur*, l'autre *dénominateur*, qui sont les nombres de fois qu'une même troisième grandeur convenablement choisie serait contenue dans les deux proposées ; on le formule en en plaçant le dénominateur au-dessous du numérateur et les séparant par une barre.

Ainsi, si deux grandeurs A et B sont telles que A contienne cinq fois la septième partie de B, de sorte que si on divisait A en cinq parties égales et B en sept, les parties de A dussent être égales à celles de B ; A vaudra cinq fois le septième de B, ou en sera les cinq septièmes ; le rapport de A à B aura pour termes 5 et 7, numérateur et dénominateur, et s'écrira

$$\frac{5}{7},$$

qu'on peut lire indifféremment cinq septièmes, ou cinq sur sept, ce qui exprime toujours que, sur sept parties de B, il en faut prendre cinq pour former A.

De deux grandeurs mises en rapport, celle qu'on exprime prend le nom d'*antécédent* du rapport, et l'autre celui de *conséquent*. Dans ce qui précède, A était l'antécédent et B le conséquent.

Pour exprimer par une formule que le rapport de A à B est $\frac{5}{7}$, on peut écrire

$$\frac{A}{B} = \frac{5}{7} \text{ ou } A = \frac{5}{7} B,$$

ce qui s'énonce : A *sur*, ou *par rapport* à B, égale cinq septièmes, ou A égale cinq septièmes de B.

80. Si le rapport d'une grandeur A à une grandeur B est $\frac{4}{9}$, par exemple, inversement le rapport de B à A sera $\frac{9}{4}$; car si A contient quatre fois la neuvième partie de B, B évidemment contiendra neuf fois le quart de A. Les deux rapports $\frac{4}{9}$ et $\frac{9}{4}$ sont dits inverses l'un de l'autre, parce que si d'une grandeur B on forme une autre grandeur A, qui en soit les $\frac{4}{9}$, et que de celle-ci on forme une troisième grandeur qui en soit les $\frac{9}{4}$, cette dernière sera précisément la première B.

81. On ne peut pas toujours obtenir le rapport exact de deux grandeurs de même espèce.

Si en effet elles sont données en nature, alors même que ce seraient deux longueurs droites, ce qui serait le cas le plus simple, elles ne seront jamais assez bien données pour qu'on puisse leur concevoir un rapport absolument défini; et si les deux grandeurs dont il s'agit sont liées l'une à l'autre par une relation à laquelle on suppose qu'elles satisfassent d'une manière rigoureusement exacte, l'une d'elles d'ailleurs étant donnée, ce ne sera pas encore une raison pour qu'il soit possible d'en exprimer le rapport sans aucune erreur.

Pour que le rapport de deux grandeurs dé même espèce puisse être exprimé exactement, il faut qu'il existé une troisième grandeur qui soit exactement contenue dans les deux séparément; il faut, comme on le dit, qu'elles aient une *commune mesure;* si elles n'en ont pas, si elles sont *incommensurables*, leur rapport ne pourra pas être exprimé exactement; on pourra seulement le représenter avec plus ou moins d'approximation.

82. On dit qu'on connaît le rapport de deux grandeurs à un demi, un tiers..., un neuvième près, quand on sait combien l'antécédent contient de fois la moitié, le tiers... ou la neuvième partie du conséquent; pour obtenir le rapport dé deux grandeurs à un neuvième près, il suffit de partager la seconde en neuf parties égales, et de chercher combien de ces parties contient la première.

83. Dès qu'on connaît une des formes d'un rapport exactement exprimable, on peut lui en donner une infinité d'autres équivalentes.

En effet, si deux grandeurs A et B ont une commune mesure, la moitié, le tiers, etc., de cette commune mesure seront aussi des sous-multiples exacts de A et de B, ou en seront d'autres communes mesures qui pourront, aussi bien que la première, concourir à l'expression du rapport.

Ainsi, si une commune mesure de A et de B est contenue 6 fois dans A et 8 fois dans B, la moitié de cette commune mesure le sera 12 fois dans A et 16 fois dans B; le tiers le sera 18 fois dans A et 24 fois dans B; le rapport de A à B pourra donc s'exprimer indifféremment par les fractions

$$\frac{6}{8}, \quad \frac{12}{16}, \quad \frac{18}{24}, \quad \text{etc.;}$$

c'est-à-dire qu'on peut multiplier les deux termes d'un rapport par un même nombre, sans changer ce rapport.

Inversement, on peut diviser les deux termes d'un rapport par un quelconque de leurs diviseurs communs.

Ainsi, le rapport $\frac{6}{8}$ pourrait aussi bien s'exprimer par $\frac{3}{4}$, et on l'aurait obtenu d'abord sous cette forme, si on avait employé, pour l'exprimer, une commune mesure double de celle dont on s'est servi.

84. Si l'on a exprimé approximativement un rapport à un neuvième près, par exemple, on peut en multiplier ou en diviser les deux termes par un même nombre, mais il reste toujours approché à un neuvième ; le rapport $\frac{3}{7}$, approché à un septième près, transformé en $\frac{6}{14}$, n'en est pas pour cela plus approché ; il serait possible, en effet, qu'en cherchant à l'exprimer directement en quatorzièmes, on l'eût trouvé égal à $\frac{7}{14}$, au lieu de $\frac{6}{14}$, une erreur d'un quatorzième étant moindre qu'une erreur d'un septième.

85. On arrive à l'expression la plus simple d'un rapport par la recherche de la *plus grande commune mesure* des deux grandeurs comparées ; car la commune mesure la plus grande possible de deux grandeurs est celle qui est contenue le moins grand nombre de fois dans chacune d'elles.

La recherche de la plus grande commune mesure entre deux grandeurs de même espèce est entièrement analogue à la recherche du plus grand commun diviseur entre deux nombres entiers ; et, en effet, le plus grand commun diviseur entre deux nombres entiers est l'expression numérique de la plus grande commune mesure entre les deux grandeurs de même espèce qui pourraient être représentées par ces deux nombres ; car l'unité est commune mesure naturelle de tous les nombres entiers, et la plus grande somme possible d'unités, qui puisse être sous-multiple de deux collections de ces unités, est leur plus grande commune mesure.

Si deux grandeurs A et B de même espèce sont immédiatement comparables, c'est-à-dire si la soustraction entre elles est immédiatement praticable (et, dans le cas contraire, il faudrait préalablement les réduire à une forme commune, sous laquelle elles remplissent cette condition); pour obtenir leur plus grande commune mesure, on retranche la plus petite autant de fois que possible de la plus grande, le reste obtenu de la plus petite, le nouveau reste du premier, et ainsi de suite, jusqu'à ce que la suite des opérations conduise à un reste exactement contenu dans le précédent : ce dernier reste est la plus grande commune mesure cherchée.

En effet, toute commune mesure entre deux grandeurs de même espèce, et, en particulier, leur plus grande commune mesure, est un sous-multiple exact de la différence qu'on obtient en retranchant la plus petite de la plus grande, une, ou plusieurs fois; car, en retranchant des entiers les uns des autres, on ne peut obtenir que des entiers; et si le mètre, par exemple, est contenu exactement dans deux longueurs, leur différence ne peut être qu'un nombre exact de mètres. La plus grande commune mesure de deux grandeurs est donc commune mesure de la moindre des deux et du reste de leur division; elle sera de même commune mesure de ce reste et de celui qu'on obtiendrait en le retranchant autant de fois que possible de la moindre des deux grandeurs proposées; elle sera encore commune mesure de ce second reste et de celui qu'on obtiendrait, en le retranchant autant de fois que possible du premier. En général, elle sera toujours commune mesure de deux restes consécutifs quelconques fournis par la série des opérations dont il est question. Si ces opérations conduisent à un dernier reste exactement contenu dans le précédent, ce dernier reste ne pourrait donc être, en tout cas, qu'un multiple de la plus grande commune mesure cherchée; mais s'il est lui-même sous-multiple des deux grandeurs proposées, il en sera précisément la plus grande commune mesure.

Or, c'est en effet ce qui aura toujours lieu; car, inversement, tout sous-multiple exact du reste d'une soustraction, répétée ou non, et de la grandeur soustraite, est aussi sous-multiple exact de l'autre terme de cette opération; le dernier reste, sous-multiple

de ui-même et de l'avant-dernier, sera donc sous-multiple de
l'antépénultième, puis de celui qui aura précédé cet antépénultième, et ainsi de suite, et enfin des deux grandeurs proposées.

On pourrait aussi bien, pour arriver aux mêmes conclusions :
établir au préalable, comme dans la théorie du plus grand commun diviseur, que la deux restes quelconques, consécutivement
résultés des opérations prescrites par la règle, auront toujours la
même plus grande commune mesure ; le dernier étant naturellement la plus grande mesure commune qu'il puisse avoir avec
l'avant-dernier, on en conclurait qu'il sera la plus grande commune mesure des deux grandeurs proposées.

86. Dès qu'on a terminé les opérations indiquées dans le numéro précédent, les résultats obtenus fournissent aisément l'expression du rapport des deux grandeurs comparées ; en effet, si,
en désignant par R, R', etc., les restes consécutifs obtenus, on a
trouvé, par exemple :

$$A = 2B + R$$
$$B = 5R + R'$$
$$R = 3R' + R''$$
$$R' = 4R'' + R'''$$
$$R'' = 7R''',$$

de telle sorte que R''' soit la plus grande commune mesure de
A et de B ; en remontant la série de ces égalités, on en tirera
successivement :

$$R' = 4 \text{ fois } \quad 7R'' \quad + R''' \quad\quad \text{ou} \quad 29R'''$$
$$R = 3 \text{ fois } \quad 29R''' \quad + 7 \text{ fois } R''' \quad \text{ou} \quad 94R'''$$
$$B = 5 \text{ fois } \quad 94R''' \quad + 29 R''' \quad\quad \text{ou} \quad 499R'''$$
$$A = 2 \text{ fois } 499R''' \quad + 94R''' \quad\quad \text{ou} \quad 1092R'''.$$

Ainsi, A et B contenant respectivement 1092 fois et 499 fois leur
plus grande commune mesure, le rapport de A à B sera $\dfrac{1092}{499}$ et
celui de B à A, $\dfrac{499}{1092}$.

87. La fraction qui exprime le rapport de deux grandeurs, au moyen des nombres de fois que leur plus grande commune mesure y est respectivement contenue, cette fraction est toujours irréductible, c'est-à-dire qu'elle ne pourrait être représentée en termes plus simples.

Supposer le contraire, en effet, serait supposer l'existence d'une commune mesure plus grande que la plus grande.

Les deux termes d'une pareille fraction sont donc toujours nécessairement premiers entre eux ; autrement, on pourrait les diviser par leur plus grand commun diviseur et exprimer le rapport en termes plus simples.

Inversement, toute fraction dont les deux termes sont premiers entre eux doit être irréductible, ou, en d'autres termes, le rapport qu'elle exprime a dû être formé des nombres de fois que la plus grande commune mesure des grandeurs comparées y était respectivement contenue ; car, de même que toute commune mesure de deux grandeurs n'est jamais qu'un sous-multiple de leur plus grande commune mesure, cette plus grande commune mesure n'est jamais aussi que le plus grand multiple qu'elles puissent contenir de l'une quelconque de leurs communes mesures ; or, l'unité est commune mesure de deux collections quelconques d'entiers ; d'un autre côté, la plus grande commune mesure de ces deux collections est le plus grand multiple de l'unité qui soit diviseur de chacune d'elles ; et, enfin, le plus grand commun diviseur de deux nombres premiers entre eux est l'unité (1).

88. L'égalité de deux rapports est manifeste lorsqu'ils sont exprimés tous deux par la même fraction : si A est les $\frac{5}{7}$ de B et que C soit aussi les $\frac{5}{7}$ de D, le rapport de A à B est égal au rapport de C à D.

____

(1) Cette proposition de l'irréductibilité d'une fraction dont les deux termes sont premiers entre eux sera reprise plus tard.

L'égalité de deux rapports ne résulte pas toujours d'une identité aussi simple.

Si deux grandeurs, A et B, sont incommensurables entre elles, ainsi que deux autres grandeurs, C et D, l'égalité des rapports de A à B et de C à D ne peut être constatée que par ce fait, qu'on n'y pourrait apercevoir de différence, quelques soins qu'on prît pour en constater une.

Aussi, dirons-nous : deux rapports incommensurables sont égaux lorsqu'ils sont égaux à toutes les approximations ; c'est-à-dire le rapport incommensurable de deux grandeurs, A et B, peut être dit égal au rapport de deux autres, C et D, dès qu'on sait qu'en quelque pareil nombre de parties égales qu'on partageât B d'une part et D de l'autre, les parties obtenues seraient toujours contenues le même nombre de fois respectivement dans A et dans C ; dans ce cas, en effet, il n'y a pas de différence assignable entre les deux rapports.

89. Mais il est bon de noter qu'il ne sera jamais indispensable, pour constater l'égalité entre deux rapports, de ramener la question précisément à ces termes, de savoir si toutes les expressions approchées qu'on pourrait en obtenir seraient constamment les mêmes aux mêmes approximations ; ce serait constater qu'à dénominateur égal, les numérateurs de ces rapports ne pourront jamais différer d'une unité, mais il suffira que l'on sache que la différence des numérateurs ne pourrait jamais dépasser une limite assignée (2, 3, 20.....50000), quelque grands que devinssent les dénominateurs.

Ce qui se compte 1 n'est 1 que parce qu'on l'a fait ainsi en choisissant l'unité ; 1 n'est inférieur à 50000 que relativement ; 50000 millionièmes de mètre cube ne forment pas un mètre cube, et deux rapports entre lesquels il y aurait une différence constatée, aussi petite qu'on voudra l'imaginer, pourraient, sous un dénominateur commun assez grand, être représentés par des fractions dont les numérateurs différassent d'autant qu'on le voudrait.

90. Les conditions d'égalité entre deux rapports peuvent être formulées autrement :

Si deux grandeurs, A et B, de même espèce sont commensurables, leur rapport ne peut être le même que celui de deux autres, C et D, qu'autant que la recherche de la plus grande commune mesure entre A et B conduise à la même suite de quotients que la recherche de la plus grande commune mesure entre C et D, et que les deux opérations fournissent pour plus grandes communes mesures deux restes de même rang.

En généralisant cette notion, on pourra dire que les conditions d'égalité entre deux rapports sont que les deux séries de quotients que fourniraient, d'une part, la recherche de la plus grande commune mesure entre les deux termes du premier rapport, et, de l'autre, la recherche de la plus grande commune mesure entre les deux termes du second, soient et doivent rester identiques, quelque loin qu'on les prolonge.

Il est indispensable de s'habituer à concevoir indifféremment l'égalité entre deux rapports sous l'un ou l'autre de ces deux modes.

A la vérité, l'équivalence n'en est pas établie directement, et il faudrait une longue démonstration pour la vérifier d'une manière complétement rigoureuse; mais elle est assez évidente par elle-même pour qu'une démonstration en règle n'ajoutât rien à la certitude qu'on en a dès l'abord.

91. L'égalité de deux rapports $\dfrac{A}{B}$ et $\dfrac{C}{D}$, constitue une proportion qu'on note indifféremment sous les symboles suivants :

$$\frac{A}{B} = \frac{C}{D}'$$

ou $$A : B :: C : D.$$

A sur B égale C sur D, ce qui veut dire A est la même fraction de B, que C l'est de D, ou, A est à B comme C est à D, c'est-à-dire A se forme de B, comme C de D.

92. Si deux rapports sont égaux, on peut en doubler, tripler, etc., les antécédents sans que ces rapports cessent d'être égaux.

En effet, les parties aliquotes semblables des conséquents, qui serviraient à exprimer les deux rapports, seraient respectivement contenues deux ou trois fois plus de fois dans les nouveaux antécédents qu'elles ne l'eussent été dans les anciens; mais elles seraient toujours contenues le même nombre de fois respectivement dans ces deux antécédents.

Le même raisonnement servirait à prouver que dans une proportion on peut doubler, tripler, etc., les conséquents, sans que la proportion cesse d'être exacte.

On peut, inversement, aux deux antécédents ou aux deux conséquents d'une proportion substituer des équi-sous-multiples de ces antécédents ou de ces conséquents, et plus généralement, en superposant les deux opérations, on remplacera les deux antécédents ou les deux conséquents d'une proportion par des fractions pareilles de ces antécédents ou de ces conséquents.

Ainsi, de $\dfrac{A}{B} = \dfrac{C}{D}$ on conclurait par exemple

$$\frac{\frac{5}{9}A}{B} = \frac{\frac{5}{9}C}{D},$$

ou

$$\frac{A}{\frac{3}{4}B} = \frac{C}{\frac{3}{4}D},$$

et enfin

$$\frac{\frac{5}{9}A}{\frac{3}{4}B} = \frac{\frac{5}{9}C}{\frac{3}{4}D}.$$

93. Si deux rapports sont égaux, on peut évidemment aussi augmenter ou diminuer les antécédents de multiples pareils des conséquents sans troubler l'égalité; car on ne fait par là qu'augmenter ou diminuer d'une même quantité les nombres de fois que les parties aliquotes semblables des conséquents eussent été contenues respectivement dans les antécédents; et ces nombres étant d'abord égaux, ils n'auront pas cessé de l'être.

Le même raisonnement servirait à prouver qu'on peut, aussi bien, ajouter ou retrancher un même nombre de fois chaque antécédent à son conséquent, sans troubler l'égalité de deux rapports.

94. Si quatre grandeurs de même espèce sont telles que le rapport de la première à la seconde soit égal au rapport de la troisième à la quatrième, le rapport aussi de la première à la troisième est égal à celui de la seconde à la quatrième.

C'est-à-dire, si $\dfrac{A}{B} = \dfrac{C}{D}$, on peut en conclure en changeant les moyens de place :

$$\frac{A}{C} = \frac{B}{D}.$$

En effet, si C est commensurable avec A, et qu'il en soit, par exemple, les $\dfrac{4}{9}$, la proportion revient à

$$\frac{A}{B} = \frac{\dfrac{4}{9}A}{D},$$

et cette proportion exige que D en même temps soit les $\dfrac{4}{9}$ de B; car, si on divise par 4 les termes du second rapport,

il vient :

$$\frac{A}{B} = \frac{\dfrac{1}{9}A}{\dfrac{1}{4}D},$$

et si on les multiplie par 9,

$$\frac{A}{B} = \frac{A}{\dfrac{9}{4}D};$$

or, dans cette proportion, où les antécédents sont égaux, les conséquents doivent l'être aussi, c'est-à-dire que B doit être les $\dfrac{9}{4}$ de D, ou D être les $\dfrac{4}{9}$ de B.

Nous avons supposé que A et C fussent commensurables ; mais, s'ils ne l'étaient pas, la proposition n'en serait pas moins vraie ; car, en substituant à C, dans la proportion, une grandeur commensurable avec A, mais infiniment peu différente de C, il faudrait évidemment, pour ne pas troubler l'égalité des rapports, substituer à D une grandeur qui en différât aussi indéfiniment peu ; la démonstration conviendrait à ces deux grandeurs indéfiniment peu différentes respectivement de C et de D ; la proposition serait donc vraie aussi pour C et D.

95. Si l'on a une suite de rapports égaux,

$$\frac{A}{B} = \frac{C}{D} = \frac{E}{F} = \frac{G}{H} \dots,$$

le rapport de la somme de leurs antécédents à la somme de leurs conséquents sera égal à chacun des proposés. En effet, l'égalité supposée, on vient de le voir dans le numéro précédent, exige que C, E, G, soient respectivement parties semblables de A, que D, F et H le sont de B, les sommes A+C+E+G, et B+D+F+H seront donc aussi parties semblables respectivement de A et de B; leur rapport sera donc égal à celui de A à B.

96. Deux rapports égaux dans un sens sont égaux dans le sens contraire, c'est-à-dire si $\dfrac{A}{B} = \dfrac{C}{D}$, aussi bien, $\dfrac{B}{A} = \dfrac{D}{C}$.

Cette proposition est évidente lorsque les deux rapports comparés sont commensurables ; dans le cas contraire, il suffit, pour l'établir, d'observer simplement que si deux rapports, $\dfrac{A}{B}$ et $\dfrac{C}{D}$, égaux à toutes les approximations, ont été obtenus avec une très grande approximation, les rapports approchés, renversés, donneront à très peu près les rapports vrais renversés, $\dfrac{B}{A}$ et $\dfrac{D}{C}$, et cependant, seront restés égaux ; il serait donc impossible de constater une différence entre $\dfrac{B}{A}$ et $\dfrac{D}{C}$, lorsque $\dfrac{A}{B}$ et $\dfrac{C}{D}$ eux-mêmes seraient égaux.

97. Nous avons déjà vu que, dans une proportion entre quatre grandeurs de même espèce, on peut échanger entre eux les moyens ; la proposition précédente établit qu'on peut mettre les moyens à la place des extrêmes, en combinant ces deux théorèmes, on en conclut qu'on peut échanger entre eux les extrêmes.

Il résulte de ces différentes remarques qu'on peut donner à une même proportion huit formes différentes, qu'on obtient régulièrement de la manière suivante :

La proportion $A : B :: C : D$, en y
changeant les moyens de place donne : $A : C :: B : D$,
en renversant les rapports : $C : A :: D : B$,
en changeant les moyens de place : $C : D :: A : D$,
en renversant les rapports : $D : C :: B : A$,
en changeant les moyens de place : $D : B :: C : A$,
en renversant les rapports : $B : D :: A : C$,
en changeant les moyens de place : $B : A :: D : C$.

EXERCICES.

1. Si le plus petit des deux termes d'un rapport est successivement représenté par tous les nombres entiers 1, 2, 3..., le plus grand, estimé à une unité près, le sera en même temps par des nombres entiers croissant plus rapidement que dans la suite naturelle.

II. Il n'est pas toujours possible de diviser le plus petit des deux termes d'un rapport en un nombre tel de parties égales que l'une des parties soit contenue un nombre donné de fois dans le plus grand.

III. Il est, au contraire, toujours possible de diviser le plus grand des deux termes d'un rapport en un nombre de parties égales, tel que l'une des parties soit contenue un nombre donné de fois dans le plus petit.

IV. Il est souvent possible, de plusieurs manières différentes, de subdiviser le plus grand terme d'un rapport en parties égales, sous la condition que l'une d'elles soit contenue un nombre donné de fois dans le plus petit.

V. Le nombre des modes de subdivisions du plus grand terme d'un rapport en parties égales, sous la condition qu'une des parties soit contenue un nombre donné de fois dans le plus petit, est d'autant plus grand que le rapport considéré diffère davantage de 1.

VI. Quel est l'intervalle extrême des nombres de subdivisions qu'on pourrait former du plus grand terme d'un rapport, sous la condition qu'une des subdivisions fût contenue un nombre donné de fois dans le plus petit? — Cet intervalle est-il constant?

CHAPITRE X.

Fractions ordinaires.

98. Le rapport de deux grandeurs de même espèce, dont l'une est multiple de l'autre, est entier ou inverse d'entier ; si une grandeur A est triple d'une autre grandeur B, le rapport de A à B est 3, celui de B à A est $\frac{1}{3}$ (*un tiers*).

Le rapport de deux grandeurs simplement commensurables est fractionnaire : $\frac{5}{7}$ (*cinq septièmes*) et $\frac{7}{5}$ (*sept cinquièmes*) sont, dans un sens et dans l'autre, les rapports de deux grandeurs, dont l'une contient cinq fois la septième partie de l'autre.

Le rapport entier ou fractionnaire d'une grandeur à celle de son espèce, qui a été choisie et adoptée pour unité, ou qu'on prendrait momentanément pour unité, est la mesure de cette grandeur, et c'est sous cette mesure qu'elle s'introduit dans les calculs.

Les nombres entiers ou fractionnaires ne sont soumis aux calculs qu'aux lieu et place des grandeurs auxquelles ils servent de mesures, et comme les représentant.

Toute opération arithmétique n'a jamais pour but que de trouver le nombre qui servirait de mesure à une grandeur inconnue, connaissant les mesures des grandeurs dont elle dépend. La relation des grandeurs données à la grandeur inconnue doit naturellement avoir été appréciée sous sa forme générale, c'est-à-dire indépendamment de toute représentation numérique des grandeurs qu'elle lie, avant qu'on puisse songer à l'employer au calcul de cette inconnue ; ce n'est que de la connaissance de cette loi

qu'on peut s'appuyer pour se rendre compte de la série d'opérations numériques que la question posée comportera.

99. *Des transformations qu'on peut faire subir à l'expression
d'une fraction.* — Nous avons vu que le rapport de deux grandeurs commensurables peut recevoir une infinité de formes équivalentes, par la multiplication ou la division simultanée de ses
deux termes par un même nombre.

Toute fraction qui aurait subi une pareille transformation,
continuant à exprimer le même rapport, resterait donc aussi la
mesure de la même grandeur rapportée à la même unité ; on
peut donner de ce fait une démonstration plus directe.

Si l'on double, triple, quadruple... le numérateur d'une fraction, elle représente alors une grandeur renfermant deux, trois,
quatre... fois plus des mêmes parties de l'unité, puisqu'on n'en a
pas altéré le dénominateur ; elle est donc la mesure d'une grandeur deux, trois, quatre... fois plus grande. D'un autre côté, si
on double, triple, quadruple... le dénominateur d'une fraction,
les parties, dont cette fraction se compose, sont alors deux, trois,
quatre... fois moindres qu'avant, puisque l'unité en contient
deux, trois, quatre... fois davantage ; et comme pour en composer la fraction, dont le numérateur n'a pas changé, on en prend
toujours le même nombre ; cette fraction représente dès lors une
grandeur deux, trois, quatre... fois plus petite.

La multiplication et la division simultanées des deux termes
d'une fraction, par un même nombre, constituent donc deux opérations inverses, dont les effets se compensent.

100. Du reste, deux fractions équivalentes sont toujours telles
qu'on puisse passer de celle que l'on veut d'entre elles à l'autre,
en multipliant et divisant successivement ses deux termes par
deux nombres convenablement choisis.

Pour établir ce théorème, il suffira de démontrer que si deux
fractions sont équivalentes, et que les deux termes de l'une soient
premiers entre eux, les deux termes de l'autre en sont des équi-
multiples.

Or, soient deux fractions équivalentes $\dfrac{a}{b}$ et $\dfrac{A}{B}$, dont la première ait ses termes premiers entre entre eux ; si nous les transformons, la première en $\dfrac{a \times B}{b \times B}$ et la seconde en $\dfrac{A \times b}{B \times b}$, comme elles auront maintenant même dénominateur, pour qu'elles soient équivalentes, il faudra que leurs numérateurs soient égaux ; on aura donc :

$$a \times B = A \times b ;$$

mais a diviseur du produit $a \times B$ devra l'être aussi du produit égal $A \times b$, et, puisqu'il est premier avec b, il devra diviser A ; en désignant par q le quotient de A par a, on aura donc $A = a \times q$, et par suite, en remplaçant A par $a \times q$ dans l'égalité $a \times B = A \times b$, on aura :

$$a \times B = a \times q \times b,$$

ou divisant par a :

$$B = q \times b \text{ ou } b \times q,$$

c'est-à-dire que A et B seront respectivement les produits de a et de b par un même nombre q.

Cela étant, si deux fractions $\dfrac{A}{B}$ et $\dfrac{A'}{B'}$ sont équivalentes, et que divisant les deux termes de l'une d'elles, $\dfrac{A}{B}$, par exemple, par leur plus grand commun diviseur q, on obtienne la fraction $\dfrac{a}{b}$, comme cette dernière sera aussi équivalente à $\dfrac{A'}{B'}$, A' et B' seront les produits de a et b par un autre nombre q' ; de sorte que le passage de $\dfrac{A}{B}$ à $\dfrac{A'}{B'}$ exigerait simplement une division des deux termes de $\dfrac{A}{B}$ par q, ce qui produirait la fraction $\dfrac{a}{b}$ et une multiplication par q' des deux termes de cette dernière.

101. Une fraction qui a ses deux termes premiers entre eux, d'après ce qui vient d'être dit, ne peut être mise sous une forme plus simple; elle est dite *irréductible*. On énonce le théorème précédent en disant : Toute fraction équivalente à une fraction irréductible a pour termes des équimultiples de ceux de cette fraction irréductible.

102. Quand on augmente ou diminue le numérateur d'une fraction sans en altérer le dénominateur, on obtient une fraction plus grande ou plus petite, parce qu'elle contient un plus grand ou un plus petit nombre des mêmes parties de l'unité.

Si, au contraire, on augmente ou diminue le dénominateur d'une fraction sans en altérer le numérateur, on obtient une fraction plus petite ou plus grande, parce que les parties dont elle se compose, et qui sont restées en même nombre qu'avant, sont devenues plus petites ou plus grandes, puisqu'il en entre un plus ou moins grand nombre dans l'unité.

L'addition simultanée de deux nombres aux deux termes d'une même fraction lui ferait subir deux modifications opposées; ces deux modifications seraient inverses l'une de l'autre lorsque les nombres ajoutés seraient des équi-multiples des termes de la fraction proposée, puisque de pareilles additions reviendraient à la multiplication de ces deux termes par un même nombre.

103. Il serait superflu de rechercher si la compensation pourrait s'établir dans d'autres conditions, c'est-à-dire lorsque les nombres ajoutés aux deux termes de la fraction ne seraient plus des équi-multiples de ses termes, préalablement modifiés, si on le voulait, par la suppression d'un facteur commun ; cela serait superflu, puisqu'on sait que deux fractions équivalentes se ramènent toujours l'une à l'autre par une multiplication et une division, par deux nombres convenablement choisis des deux termes de celle qu'on veut d'entre elles.

Mais, entre autres cas, on peut examiner celui où l'on augmenterait ou diminuerait d'un même nombre les deux termes de la fraction; ce cas présente un certain intérêt.

Pour apprécier le changement subi par la fraction dans cette transformation, nous en exprimerons le complément à l'unité, et nous verrons quelle influence il subira.

L'unité, composée de ses parties, peut se représenter d'une infinité de manières par une fraction dont les deux termes soient égaux;

$$\frac{2}{2}, \quad \frac{3}{3}, \quad \frac{4}{4}, \dots$$

représentent l'unité partagée en 2, ou 3, ou 4,... parties.

Le complément d'une fraction à l'unité étant ce qui lui manque ou ce qu'elle a de trop pour faire l'unité, ce complément s'exprime donc par une fraction ayant même dénominateur que la proposée, et pour numérateur la différence du numérateur et du dénominateur de cette proposée :

Ainsi à $\frac{4}{7}$ il manque $\frac{3}{7}$ pour faire l'unité, et $\frac{13}{9}$ a $\frac{4}{9}$ de trop.

Cela étant, si nous prenons d'abord une fraction, $\frac{7}{11}$, plus petite que l'unité, lorsque nous ajouterons 1, 2, 3, etc., unités à ses deux termes, elle restera toujours, bien entendu, plus faible que l'unité; mais son complément, primitivement représenté par $\frac{4}{11}$, deviendra successivement $\frac{4}{12}, \frac{4}{13}, \frac{4}{14}$, etc., c'est-à-dire diminuera toujours, et cela sans limite autre que 0.

On peut donc en conclure qu'en *ajoutant un même nombre aux deux termes d'une fraction moindre que l'unité, on la rend plus grande qu'elle n'était, et que si le nombre ajouté croissait sans limite, la fraction finirait par différer aussi peu qu'on le voudrait de l'unité.*

Soit en second lieu une fraction, $\frac{9}{7}$, plus grande que l'unité, lorsque nous ajouterons 1, 2, 3, etc., unités à ses deux termes, elle restera toujours plus grande que l'unité; mais ce dont elle la surpassera, primitivement égal à $\frac{2}{7}$, deviendra successivement $\frac{2}{8}$, $\frac{2}{9}$, $\frac{2}{10}$, etc., c'est-à-dire diminuera toujours, et cela, encore, sans limite autre que 0.

On peut donc en conclure qu'*en ajoutant un même nombre aux deux termes d'une fraction plus grande que l'unité, on la rend plus petite qu'elle n'était, et que si le nombre ajouté croissait sans limite, la fraction finirait par différer aussi peu qu'on le voudrait de l'unité.*

Dans un cas comme dans l'autre, on peut dire que la fraction, dont on augmente les deux termes d'un même nombre, *tend vers l'unité*, ou qu'une fraction tend vers l'unité quand ses deux termes tendent à devenir infinis, tout en différant l'un de l'autre d'une quantité fixe ou variable, mais qui ne puisse dépasser une limite assignable et finie.

RÉDUCTION DE FRACTIONS A UN MÊME DÉNOMINATEUR.

104. La comparaison de deux ou plusieurs fractions devient facile dès qu'elles ont reçu un même dénominateur, parce qu'elles sont dès lors exprimées toutes en nombres entiers de parties pareilles de l'unité; il ne serait au contraire possible qu'exceptionnellement de reconnaître, seulement, quelle est la plus grande de deux ou de plusieurs fractions, si on ne cherchait préalablement à leur donner un même dénominateur.

La transformation qui nous occupe est toujours possible et facile; on peut toujours donner aux fractions proposées pour dénominateur commun un commun multiple quelconque de leurs dénominateurs primitifs.

Il suffira toujours pour cela, en effet, de multiplier les deux termes de chacune des fractions proposées par le quotient du multiple adopté par le dénominateur primitif de cette fraction.

Ainsi, pour réduire les fractions

$$\frac{2}{3}, \quad \frac{3}{7}, \quad \frac{4}{9}, \quad \frac{6}{11}, \quad \frac{3}{6}$$

au dénominateur 5544, multiple commun de tous leurs dénominateurs, on formerait les quotients de 5544 divisé respectivement par

$$3, \quad 7, \quad 9, \quad 11, \quad 6,$$

ce seraient   1848, 792, 616, 504, 924,

et on multiplierait les deux termes de chaque fraction par le quotient obtenu en divisant 5544 par son dénominateur; savoir : les deux termes de $\frac{2}{3}$, par 1848, ceux de $\frac{3}{7}$, par 792, ceux de $\frac{4}{9}$, par 616, et ainsi de suite.

Chaque fraction, sous sa nouvelle forme, aurait conservé sa valeur primitive, et elles auraient toutes, après la transformation, le même dénominateur 5544.

Dans cette opération, les multiplications des dénominateurs primitifs des fractions proposées, par les quotients respectifs qu'ils ont produits, peuvent évidemment être omises, puisqu'on sait à l'avance qu'elles donneront toutes pour résultat le nombre connu qui doit servir de dénominateur commun.

On prend souvent le produit des dénominateurs des fractions proposées pour en faire leur dénominateur commun ; le produit de plusieurs nombres est en effet le multiple commun de ces nombres qui se présente le premier à la pensée. Quand on effectue la transformation dans ces conditions, la pratique se réduit à multiplier les deux termes de chaque fraction par le produit des dénominateurs de toutes les autres.

Mais souvent il y a avantage à ne donner aux fractions transformées que le plus petit dénominateur possible ; cela revient à faire choix pour ce dénominateur du plus petit multiple des dénominateurs des fractions proposées, réduites préalablement à leurs plus simples expressions, si elles n'étaient pas données sous forme irréductible.

7

105. Lorsque deux fractions ont été réduites au même dénominateur, la comparaison en devient très simple : on voit immédiatement si elles sont inégales, quelle est la plus grande, de combien elles diffèrent, quel en est le rapport, et enfin quelle serait leur plus grande commune mesure.

Ainsi, soient les deux fractions

$$\frac{14}{21} \text{ et } \frac{18}{21}.$$

1° La seconde surpasse évidemment la première de 4 21mes de l'unité ; 2° la première se compose de 14 fois la 18e partie de la seconde : 3o leur rapport est donc $\frac{14}{18}$ dans un sens, et $\frac{18}{14}$ dans l'autre ; 4° enfin leur plus grande commune mesure serait le plus grand nombre de 21es qui formerait un sous-multiple exact à la fois de 14 et de 18. Ce serait donc un nombre de 21es représenté par le plus grand commun diviseur de 14 et de 18.

EXERCICE :

Si on ajoute aux deux termes d'une fraction des nombres croissants, l'un m fois plus grand que l'autre, la fraction tend vers m ou $\frac{1}{m}$, selon que c'est au numérateur ou au dénominateur qu'on ajoute le plus grand nombre.

ADDITION ET SOUSTRACTION DES FRACTIONS.

106. Les opérations d'addition et de soustraction, quelles que soient les grandeurs qui y soient soumises, et, par conséquent, quels que soient les nombres qui représentent ces grandeurs, ne rappellent en aucun cas d'autre idée que celles de réunion ou de distraction, de juxtaposition ou de séparation, de transvasement ou de mélange ; il n'y a donc aucune explication nouvelle à présenter sur l'objet même de ces opérations.

On les prépare toujours par la réduction préalable des nombres proposés au même dénominateur; dès que cette réduction est obtenue, les additions ou soustractions indiquées ne sont plus d'ailleurs que des opérations de nombres entiers, puisque toutes les fractions proposées ne représentent plus, en effet, que des unités secondaires, fractions de l'unité, non pas même en général principale, ni remarquable en quoi que ce soit, mais seulement choisie la première.

Ainsi les fractions

$$\frac{13}{21}, \ \frac{15}{21}, \ \frac{3}{21}, \ \frac{40}{21}, \ \frac{12}{21}, \ \frac{42}{21},$$

sont des nombres entiers de 21es; des 21es se comptent naturellement comme des entiers, par conséquent si l'on avait, par exemple, à faire sur les fractions qui viennent d'être nommées les opérations indiquées dans la formule

$$\frac{13}{21} + \frac{15}{21} - \frac{3}{21} + \frac{40}{21} - \frac{12}{21} + \frac{42}{21}$$

on compterait simplement : 13 21es et 15 21es, font 28 21es, qui, diminués de 3 21es, en donnent 25, auxquels il en faut encore ajouter 40, ce qui en fait 65, en en retranchant 12 il en reste 53 qui enfin ajoutés aux 42 derniers en fournissent 95;

Le résultat définitif serait donc $\frac{95}{21}$.

107. Les principes relatifs à l'addition et à la soustraction, énoncés dans notre première partie, s'étendent évidemment au cas où les nombres soumis à ces opérations deviennent fractionnaires. Il serait inutile de rappeler ici ces principes; nous avons d'ailleurs évité, en les énonçant plus haut, d'en restreindre le sens général.

MULTIPLICATION ET DIVISION DES FRACTIONS.

108. La multiplication et la division, quand elles portent sur

des nombres entiers, sont deux opérations essentiellement distinctes ; et les circonstances pratiques qui induisent à faire l'une
ou l'autre sont également tout opposées.

Il n'en est plus de même lorsqu'il s'agit de grandeurs représentées en nombres fractionnaires ; les deux opérations, alors, ne
diffèrent plus l'une de l'autre, non pas que, pratiquées sur les
mêmes fractions, elles donneraient le même résultat, mais en ce
que la multiplication ou la division d'une fraction par une autre
peuvent toujours se ramener à la division ou à la multiplication
de la première par une troisième qui ne serait, comme on le
verra bientôt, que l'inverse de la seconde.

La multiplication et la division ont pour objet le calcul de
l'un des termes d'une proportion dont trois sont donnés, l'un
d'eux égal à l'unité ; ou, puisque l'on sait transposer une proportion ou une égalité de rapports de manière à faire occuper la
place qu'on veut à l'un quelconque des quatre termes de cette
proportion ou de cette égalité, on peut dire encore que la multiplication et la division ont pour objet le calcul d'une quatrième, ou
mieux encore, d'une première proportionnelle à trois grandeurs
données, l'une d'elles égale à l'unité ; c'est-à-dire de trouver le
quatrième ou le premier terme d'une proportion ou d'une égalité de rapports, lorsqu'on en connaît les trois derniers ou les
trois premiers termes, et que l'un de ces trois est égal à l'unité.

Ce n'est que par la place occupée par l'unité dans la proportion
que les deux opérations diffèrent. Or, il serait toujours facile de
ramener l'une des questions à l'autre par une transformation
préalable des données, qui réduisît celle que l'on voudrait d'entre
elles à la dimension de l'unité ; mais nous montrerons préférablement, en nous plaçant à un point de vue plus général, que la
recherche de l'un quelconque des quatre termes d'une proportion, dont les trois autres sont donnés et représentés en nombres
fractionnaires, se ramène immédiatement à la résolution d'une
autre question de même nature où l'une des trois données serait
mesurée par 1. Ainsi, la multiplication ou la division conduiront
en réalité à la résolution d'une proportion quelconque.

En effet, si l'on avait à résoudre, par exemple, la proportion

$$\frac{3^{\text{mètre}}}{4} : \frac{5^{\text{mètre}}}{7} :: \frac{2^{\text{franc}}}{11} : x^{\text{franc}},$$

et qu'on voulût changer les trois données $\frac{3^{\text{m}}}{4}$, $\frac{5^{\text{m}}}{7}$ et $\frac{2^{\text{fr}}}{11}$, de

manière que la donnée $\frac{5^{\text{m}}}{7}$, par exemple, fût remplacée par

1 mètre, on observerait que le rapport de $\frac{3}{4}$ à $\frac{5}{7}$, par la réduc-

tion préalable de ces fractions au même dénominateur, peut

se mettre sous la forme du rapport de $\frac{21}{28}$ à $\frac{20}{28}$, ou de 21 à 20,

ou de $\frac{21}{20}$ à 1 ; en sorte que la proportion à résoudre reviendrait,

en réalité, à

$$\frac{21^{\text{m}}}{20} : 1^{\text{m}} :: \frac{2^{\text{fr}}}{11} : x^{\text{fr}}.$$

Si on avait voulu que le premier terme de la proportion de-

vînt 1, on aurait de même remplacé le rapport de $\frac{3}{4}$ à $\frac{5}{7}$ par le

rapport de 1 à $\frac{20}{21}$, et la proportion fût devenue

$$1^{\text{m}} : \frac{20^{\text{m}}}{21} :: \frac{2^{\text{fr}}}{11} : x^{\text{fr}}.$$

Enfin, si on avait voulu que la donnée $\frac{2^{\text{fr}}}{11}$ fût remplacée par

1 fr., on se serait servi de cet autre principe, qu'on peut doubler,
tripler, etc., les antécédents de deux rapports égaux, ou les subdiviser de la même manière sans troubler l'égalité.

On aurait donc pu remplacer d'abord la donnée $\frac{2^{\text{fr}}}{11}$ par $\frac{1^{\text{fr}}}{11}$,

en remplaçant en même temps $\frac{3^{\text{m}}}{4}$ par sa moitié, $\frac{3^{\text{m}}}{8}$, et ensuite remplacer $\dfrac{1^{fr}}{11}$ par 1 fr., en substituant en même temps à $\dfrac{3^m}{8}$ la

fraction 11 fois plus grande $\dfrac{33^m}{8}$; de la sorte, la proportion à résoudre fût devenue

$$\frac{33^m}{8} : \frac{3^m}{7} :: 1^{fr} : x^{fr}.$$

109. La proportion ayant été formulée de telle manière que l'inconnue en soit le premier terme, l'opération est une multiplication, lorsque l'unité est le dernier terme, et, dans ce cas, le second et le troisième terme sont les facteurs du produit, multiplicande et multiplicateur; l'opération, au contraire, est une division quand l'unité est le second ou le troisième terme; les deux autres, dans l'ordre où ils viennent, sont le dividende et le diviseur.

Ainsi, le produit d'une multiplication est au multiplicande comme le multiplicateur est à l'unité; c'est-à-dire que le rapport du produit au multiplicande doit être égal au rapport du multiplicateur à l'unité :

$$P^t : M^{de} :: M^r : 1 ;$$

Et le quotient d'une division est à l'unité ou au dividende comme le dividende est au diviseur, ou comme l'unité est au diviseur, selon que l'unité occupe la seconde ou la troisième place dans la proposition :

$$Q : 1 :: D^{de} : D^r \quad \text{ou} \quad Q : D^{de} :: 1 : D^r.$$

Au reste, *le dividende* est dans le premier cas *le produit du diviseur par le quotient*, et dans le second *le produit du quotient par le diviseur;* car les proportions

$$Q : 1 :: D^{de} : D^r \quad \text{et} \quad Q : D^{de} :: 1 : D^r$$

peuvent aussi s'écrire

$$D^{de} : D^r :: Q : 1 \quad \text{et} \quad D^{de} : Q :: D^r : 1.$$

La division pourrait donc être définie une opération qui, connaissant un produit et l'un de ses facteurs, permet de trouver l'autre facteur,

110. Nous avons plusieurs remarques à proposer sur ces définitions.

Les nombres même abstraits désignent toujours des grandeurs, et ce sont ces grandeurs qui entrent dans les formules, sous les espèces de leurs nombres; un nombre abstrait est la mesure d'une grandeur dont il pourrait être inutile de désigner la nature, mais dès qu'il entre dans un calcul, il n'en tient pas moins lieu de cette grandeur, quelle qu'elle soit.

Lorsqu'une question pratique conduit à une multiplication ou à une division, on conserve habituellement sa qualité concrète au multiplicande ou au dividende, soit dans la formule du résultat, soit même dans l'énoncé de la question, mais on supprime généralement celle du multiplicateur ou du diviseur : c'est ainsi qu'on proposera, par exemple, de multiplier $\frac{2}{3}$ de mètre par $\frac{4}{7}$, ou de diviser $\frac{4}{13}$ de centimètre carré par $\frac{3}{8}$; les nombres $\frac{4}{7}$ et $\frac{3}{8}$, pourront, en effet, ne recevoir aucune qualification, parce que, dans de pareils cas, ils ne serviront qu'à exprimer des rapports; cependant, multiplier $\frac{2^{m}}{3}$ par $\frac{4}{7}$ ne sera toujours que trouver une longueur qui soit à $\frac{2^{m}}{3}$ comme les $\frac{4}{7}$ d'une grandeur quelconque sont à cette grandeur, comme $\frac{4^{fr}}{7}$ est à 1 franc, ou comme $\frac{4^{décigr.}}{7}$ est à 1 décigramme, ou comme $\frac{4^{tois}}{7}$ est à une toise; la qualité n'est donc omise que parce qu'elle est indifférente à connaître.

Les données et inconnues d'une question pourraient même n'être que de simples rapports; mais, en pareil cas encore, on devrait toujours voir, sous les espèces des nombres, les grandeurs dont ils seraient les mesures, et ce sont encore ces grandeurs qui entreraient véritablement dans les formules.

Cela étant, dans toute multiplication le produit est toujours, naturellement, de même espèce que le multiplicande, et le multiplicateur toujours de même espèce que la grandeur qui entre dans la proportion sous le nom d'unité.

De même, dans une division, si la proportion est énoncée en tels termes que le quotient doive se composer avec le dividende, comme l'unité se compose avec le diviseur, le quotient est toujours de même espèce que le dividende et le diviseur, toujours de même espèce que la grandeur qui entre dans la question sous le nom d'unité ; et si le quotient doit se composer avec l'unité, comme le dividende se compose avec le diviseur, le quotient est de même nature que la grandeur qui est représentée dans la proportion par l'unité, et le dividende, de même nature que le diviseur.

Dans ce dernier cas, où le quotient doit se composer avec l'unité, comme le dividende se compose avec le diviseur, le nombre qui mesure le quotient est l'expression du rapport du dividende au diviseur, et quelquefois la division n'a d'autre but que d'obtenir, en effet, ce rapport sous une forme plus simple qu'il n'était donné dans les termes mêmes de la question.

111. Avant d'aller plus loin, il sera bon de remarquer que, comme les nombres entiers ne sont que des nombres fractionnaires dans un état particulier, les opérations de multiplication et de division, telles qu'elles avaient été conçues d'abord, rentrent dans les opérations que nous venons de définir sous les mêmes noms, d'une manière plus générale, et que la différence ne réside que dans la forme numérique des données.

Le produit, en effet, de deux nombres entiers contient autant de fois le multiplicande que le multiplicateur contient d'unités, c'est-à-dire que le rapport du produit au multiplicande est le même que celui du multiplicateur à l'unité ; et, dans une division de deux nombres entiers, lorsqu'elle réussit, si le diviseur est l'une des parts, le quotient ou nombre de ces parts contient autant d'unités que le dividende contient de fois le diviseur, c'est-à-dire que le quotient est à l'unité comme le dividende est au diviseur ; et, si le diviseur est le nombre des parts et le quotient l'une d'elles, le dividende est au quotient comme le diviseur est à l'unité, ou, en renversant les rapports, le quotient est au dividende comme l'unité est au diviseur.

112. Nous pouvons montrer maintenant que la multiplication ou la division d'un nombre quelconque par une fraction donnée reviennent à la division ou à la multiplication du même nombre par la fraction inverse ou renversée.

En effet, s'il s'agit d'abord d'une multiplication, que N en soit le multiplicande, $\frac{3}{7}$, par exemple, le multiplicateur, et P le produit, P devra satisfaire à la condition :

$$P:N::\frac{3}{7}:1;$$

mais $\frac{3}{7}:1$ comme $3:7$ ou comme $1:\frac{7}{3}$, donc P doit aussi satisfaire à la proportion :

$$P:N::1:\frac{7}{3};$$

par conséquent, il est le quotient de N par $\frac{7}{3}$.

Soit, en second lieu, à diviser un nombre N par $\frac{4}{9}$, et soit Q le quotient ; Q devra donc satisfaire à l'une des conditions

$$Q:N::1:\frac{4}{9} \quad \text{ou} \quad Q:1::N:\frac{4}{9},$$

mais elles reviennent à

$$Q:N:9:4 \quad \text{et} \quad Q:9::N:4$$

ou
$$Q:N::\frac{9}{4}:1 \quad \text{et} \quad Q:\frac{9}{4}::N:1$$

le quotient Q, de N par $\frac{4}{9}$, est donc le produit de N par $\frac{9}{4}$, ou celui de $\frac{9}{4}$ par N.

113. Dès qu'on comprend nettement une opération, ce n'est plus rien que de l'effectuer; aussi n'aurons-nous que quelques mots à ajouter pour parvenir aux règles relatives à la multiplication et à la division des fractions ; tout ce que nous avons dit dans les numéros précédents y prépare d'une manière presque explicite.

Le produit de deux fractions $\frac{3}{7}$ et $\frac{2}{5}$, par exemple, devra être les deux cinquièmes ou deux fois le cinquième du multiplicande $\frac{3}{7}$, puisque le multiplicateur est les deux cinquièmes ou deux fois le cinquième de l'unité ; on obtiendra donc ce produit en deux opérations, dont la première fournirait le cinquième du multiplicande $\frac{3}{7}$, et la seconde deux fois ce cinquième.

Pour avoir le cinquième de $\frac{3}{7}$, il suffit d'en multiplier le dénominateur par 5, ce qui donne $\frac{3}{35}$, et, pour multiplier ce premier résultat par 2, il suffit d'en multiplier le numérateur par 2, ce qui donne $\frac{6}{35}$.

D'après la manière dont on l'a formé, ce produit a évidemment pour numérateur le produit des numérateurs des fractions proposées, et pour dénominateur le produit de leurs dénominateurs, et il en serait de même dans tout autre cas.

La règle pour multiplier deux fractions l'une par l'autre est donc d'en multiplier les numérateurs entre eux, ainsi que les dénominateurs, et de prendre les produits obtenus pour termes de la fraction cherchée, numérateur et dénominateur.

114. Quant au *quotient de deux fractions*, nous pourrions nous borner, d'après ce qui a été exposé plus haut, à dire qu'*il se forme en multipliant la fraction dividende par la fraction diviseur renversée*; mais il ne sera pas inutile de donner de cette règle une démonstration directe.

Nous avons fait voir plus haut que, dans toute division, le dividende est le produit du diviseur par le quotient, ou celui du quotient par le diviseur, et comme, d'ailleurs, il résulte de la règle relative à la multiplication que le produit de deux fractions est indépendant de l'ordre dans lequel on les prend, nous pourrions, en conséquence, ramener les deux cas de la division à un seul, celui, par exemple, où le dividende serait considéré comme le produit du quotient multiplié par le diviseur; mais il n'y aurait à cela aucun avantage réel : nous préférerons conserver la distinction.

Soient donc à diviser l'une par l'autre les deux fractions.

$$\frac{3}{8} \text{ (dividende) et } \frac{4}{7} \text{ (diviseur)};$$

et supposons d'abord le quotient cherché, défini par la condition que, multiplié par le diviseur, il reproduise le dividende; nous dirons :

Le quotient cherché, multiplié par $\frac{4}{7}$, doit reproduire $\frac{3}{8}$, ou autrement, 4 fois le 7ᵉ du quotient doivent donner $\frac{3}{8}$; par conséquent, un seul 7ᵉ du quotient donnera 4 fois moins que $\frac{3}{8}$, ou $\frac{3}{32}$, et le 7ᵉ du quotient valant $\frac{3}{32}$, ce quotient tout entier vaudra 7 fois plus, c'est-à-dire $\frac{21}{32}$.

Le quotient $\frac{21}{32}$ résultera bien, comme on voit, de la multiplication de $\frac{3}{8}$ par $\frac{7}{4}$, ou par la fraction $\frac{4}{7}$ renversée.

Supposons, en second lieu, que l'on cherche par quel nombre il faudrait multiplier $\frac{4}{7}$ pour avoir $\frac{3}{8}$, ou que la proportion à résoudre soit :

$$\frac{3}{8} : \frac{4}{7} :: Q : 1.$$

Q dans ce cas devra exprimer le rapport de $\frac{3}{8}$ à $\frac{4}{7}$, et la question, en conséquence, ne sera autre que d'évaluer ce rapport ; on réduira donc $\frac{3}{8}$ et $\frac{4}{7}$ au même dénominateur, ce qui donnera $\frac{21}{56}$ et $\frac{32}{56}$, dont le rapport est $\frac{21}{32}$:

$$\frac{3}{8} : \frac{4}{7} :: \frac{21}{56} : \frac{32}{56} :: 21 : 32 :: \frac{21}{32} : 1 ;$$

on retombera ainsi sur la même règle.

115. Le produit de deux fractions est plus grand ou plus petit que la fraction multiplicande, suivant que la fraction multiplicateur est plus grande ou plus petite que l'unité. L'opération de multiplication, quand il s'agit de fractions, n'entraîne donc pas nécessairement l'idée d'augmentation.

De même, le quotient de deux fractions est plus grand ou plus petit que le dividende, suivant que le diviseur est plus petit ou plus grand que l'unité. La division n'entraîne donc pas nécessairement l'idée de diminution.

116. La réduction d'une question concrète à une question de nombres ne doit jamais être préparée qu'avec de grandes précautions ; le produit ou le quotient de deux nombres ne sont définis par ces nombres qu'autant qu'on s'est clairement entendu sur l'unité qui devra intervenir.

2 francs multipliés par 4 grammes feraient 8 francs, si le gramme était l'unité désignée dans la question :

$$8^{fr} : 2^{fr} :: 4^{gr} : 1^{gr}$$

mais ils feraient 8 millièmes de franc, ou 8 centimes, ou 8 décimes, ou 80 francs, si l'unité de poids désignée dans la question était 1 kilogramme, ou 1 hectogramme, ou 1 décagramme, ou 1 décigramme.

Les erreurs qui découlent de cette source ne sont que trop communes; le lecteur doit s'en préserver avec un soin tout spécial, et se mettre dès l'abord en état de n'y jamais tomber, s'il ne veut s'exposer plus tard à subir toutes sortes d'incertitudes et à laisser envahir son esprit par les divagations les moins sensées.

Cet écueil grave nous a du reste assez frappé pour que nous ayons cherché à proposer notre théorie sous une forme qui ne laisse pas de place à l'erreur.

117. Tous les principes que nous avons énoncés à la suite de la théorie de la multiplication des nombres entiers sont susceptibles d'une entière généralisation ; nous engageons le lecteur à en étendre les démonstrations du cas où les nombres proposés seraient fractionnaires.

Nous rappellerons les énoncés de ces principes sous la forme la plus générale qu'ils comportent.

1° Le produit de plusieurs nombres est indépendant de l'ordre dans lequel on les prend.

Toutefois, le résultat concret d'une ou plusieurs multiplications étant toujours de même nature que le premier facteur ou le premier multiplicande, si l'on échangeait ce premier facteur avec un autre qui fût d'une espèce différente, en intervertissant ces deux facteurs, il faudrait en même temps en échanger entre eux les qualités; sans quoi le produit, quoique représenté toujours par le même nombre abstrait, aurait changé de nature.

2° Pour multiplier un produit par un nombre, il suffit d'en multiplier par ce nombre un des facteurs.

3° Pour multiplier un nombre par un produit, on peut le multiplier successivement par tous les facteurs du produit.

4° Pour multiplier un produit par un produit, on peut multiplier les facteurs de l'un par les facteurs de l'autre, en les groupant à volonté.

5° Le produit de deux puissances d'un nombre est une autre puissance du même nombre, et a pour exposant la somme des exposants des puissances multipliées.

6° Pour multiplier une somme ou une différence par un nombre, on peut multiplier par ce nombre les deux parties de la somme ou de la différence, et ajouter ou retrancher les produits obtenus.

7° Pour multiplier un nombre par une somme ou une différence, on peut le multiplier par les parties de la somme ou de la différence, et ajouter ou retrancher les produits obtenus.

118. Toute fraction représente le quotient de son numérateur divisé en autant de parties égales qu'il y a d'unités dans son dénominateur; car $\frac{3}{4}$, par exemple, ou trois fois le quart d'une unité, forment aussi bien le quart de trois unités prises ensemble.

Inversement, le quotient d'une division de nombres entiers, dès qu'il n'est plus question de trouver le plus grand nombre de fois que le diviseur est contenu dans le dividende, mais bien le nombre qui, multiplié par le diviseur, reproduirait exactement le dividende, ce quotient, disons-nous, peut être, avant tout, représenté par une fraction qui aurait pour numérateur et pour dénominateur le dividende et le diviseur proposés; la partie entière du quotient n'est que le nombre d'entiers contenus dans cette fraction.

119. Le quotient de deux entiers quelconques prenant désormais cette nouvelle et plus complète définition, non-seulement on peut supprimer des énoncés des principes relatifs à la division, cette restriction que nous avions dû mentionner, que les divisions dussent se faire sans restes, mais encore on peut en étendre les démonstrations aux cas où le dividende et le diviseur seraient fractionnaires, et j'engage le lecteur à les reconstruire sous cette nouvelle forme.

En voici les énoncés :

1° Pour diviser une somme ou une différence par un nombre, on peut diviser, par ce nombre, les parties de la somme ou de la différence, et ajouter ou retrancher les quotients obtenus.

2° Pour diviser un produit, on peut diviser l'un de ses facteurs.

3° Pour diviser un nombre par un produit, on peut diviser ce nombre successivement par tous les facteurs du produit.

4° Pour diviser un produit par un produit, on peut diviser les facteurs de l'un par les facteurs de l'autre, en les groupant à volonté.

5° Le quotient de deux nombres est le même que celui d'équimultiples de ces nombres.

(On a démontré, dans le texte, que le rapport de deux nombres est le même que celui d'équimultiples de ces nombres.)

6° Le quotient de deux puissances d'un même nombre est une puissance de ce nombre ou de son inverse, et l'exposant en est égal à la différence des exposants des puissances divisées.

120. La résolution d'une proportion quelconque entre quatre grandeurs, dont l'une serait inconnue, peut être, par un changement d'unité, ramenée à une. multiplication ou à une division.

Ainsi, l'inconnue de la proportion

$$x^{\text{mètres}} : \frac{3^{\text{mètre}}}{4} :: \frac{4^{\text{kilogr.}}}{7} : \frac{5^{\text{kilogr.}}}{9}$$

serait le produit de $\dfrac{3^{\text{m}}}{4}$ par $\dfrac{4^{\text{k}}}{7}$ rapportés à $\dfrac{5^{\text{k}}}{9}$ pris pour unité, ou le quotient de $\dfrac{3^{\text{m}}}{4}$ par $\dfrac{5^{\text{k}}}{9}$ rapportés à $\dfrac{4^{\text{k}}}{7}$ pris pour unité.

Ainsi, pour résoudre la proportion

$$x : \frac{3^{\text{m}}}{4} :: \frac{4^{\text{k}}}{7} : \frac{5^{\text{k}}}{9}$$

on pourrait diviser d'abord $\dfrac{4^{\text{k}}}{9}$ par $\dfrac{5^{\text{k}}}{9}$ pour avoir le rapport de ces deux nombres, c'est-à-dire la mesure qui conviendrait à $\frac{4^k}{7}$, si l'unité de poids était $\frac{5^k}{9}$, et il ne resterait qu'à multiplier $\frac{3^m}{4}$ par le nombre trouvé.

121. Mais on résout habituellement les proportions par un autre principe, équivalent au fond, qui consiste en ce que *le produit des extrêmes y est toujours égal au produit des moyens;* principe qu'on démontre ordinairement de la manière suivante :

Si $a : b :: c : d$, et que q soit la fraction qui exprimerait l'un ou l'autre des deux rapports $a : b$ ou $c : d$, a et c seront respectivement égaux à $b \times q$ et $d \times q$,

$$a = b \times q,$$
$$c = d \times q;$$

multipliant ces deux égalités en croix, c'est-à-dire le premier membre de l'une par le second membre de l'autre, on en conclut :

$$a \times d \times q = c \times b \times q,$$

ou

$$a \times d = c \times b.$$

D'après ce principe, pour résoudre une proportion quelconque, on peut faire le produit des moyens ou des extrêmes connus, et le diviser par l'extrême ou le moyen connu, cela revient évidemment à la règle énoncée plus haut; car, multiplier $\frac{3^m}{4}$ par le quotient de $\frac{4^k}{7}$ par $\frac{5^k}{9}$, ou diviser par $\frac{5}{9}$ le produit de $\frac{3^m}{4}$ par $\frac{4}{7}$, donneront bien le même résultat, puisqu'on divise un produit en divisant un de ses facteurs.

Le principe dont on vient de donner la démonstration est réciproque, c'est-à-dire que, inversement : *si quatre nombres sont, tels et rangés de telle manière, que le produit des extrêmes soit égal au produit des moyens, ces quatre nombres, dans l'ordre où ils sont écrits, formeront une proportion.*

En effet, si $a \times d = b \times c$, soit q le rapport de a à b, a sera donc égal à $b \times q$, l'égalité supposée deviendra donc $b \times q \times d = b \times c$, ou $b \times d \times q = b \times c$, d'où l'on conclura $d \times q = c$, c'est-à-dire que q sera aussi le rapport de c à d; les deux rapports $\dfrac{a}{b}$ et $\dfrac{c}{d}$ seront donc égaux, et par conséquent les quatre nombres formeront une proportion.

EXERCICES :

I. Si l'on a plusieurs fractions, et que l'on en forme une autre dont les deux termes soient respectivement la somme des numérateurs et la somme des dénominateurs des proposées, celle-ci est comprise entre la plus petite et la plus grande de celles-là.

II. Deux fractions irréductibles ne peuvent avoir pour somme un nombre entier, à moins qu'elles n'aient même dénominateur.

III. Dans quel cas la somme de trois fractions irréductibles peut-elle être un nombre entier?

IV. Si l'on range par ordre de grandeur toutes les fractions irréductibles moindres que l'unité, et dont les dénominateurs ne dépassent pas une limite donnée, deux de ces fractions prises à égale distance des extrêmes auront même dénominateur, et leur somme sera l'unité.

V. La somme d'un nombre suffisamment grand des fractions $\dfrac{1}{2}, \dfrac{1}{3}, \dfrac{1}{4}, \dfrac{1}{5}, \dfrac{1}{6}$, etc., peut dépasser toute limite.

VI. La somme des n, premières fractions prises dans la suite $\dfrac{1}{2}, \dfrac{1}{2 \times 3}, \dfrac{1}{3 \times 4}, \dfrac{1}{4 \times 5}, \dfrac{1}{5 \times 6}$, etc., est inférieure à l'unité de la quantité $\dfrac{1}{n+1}$.

VII. Le plus grand des quatre termes d'une proportion, ajouté au plus petit, donne une somme plus grande que celle des deux autres.

8

VIII. Si l'on multiplie deux proportions terme à terme, les quatre produits forment encore proportion.

IX. Dans quel cas deux proportions ajoutées terme à terme donneraient-elles une proportion?

X. De la proportion $a : b :: c : d$, on peut conclure :

$$a \times b : c \times d :: (a + b)^2 : (c + d)^2.$$

PROBLÈMES.

I. On perd 325 fr. en vendant un cheval les $\dfrac{13}{15}$ de ce qu'il a coûté : combien l'a-t-on payé?

II. La différence entre les $\dfrac{9}{11}$ et les $\dfrac{2}{7}$ d'un nombre est $12\,\dfrac{3}{4}$: quel est ce nombre?

III. Trois fontaines versent leur eau dans un bassin; l'eau de la première le remplirait en 10 heures, celle de la seconde en 13 heures, celle de la troisième en 30 heures : en combien d'heures le bassin se remplira-t-il?

CHAPITRE XI.

Fractions décimales.

122. Lorsque, dans une question de pure théorie, on a à exprimer un rapport commensurable, susceptible par conséquent d'une représentation exacte, la rigueur fait la loi suprême : quelle que soit la forme irréductible qu'on ait obtenue de l'expression de ce rapport, on la lui conserve.

Mais, quand il s'agit de réduire en nombres les données d'une question de pratique, ou les rapports théoriquement définis de grandeurs incommensurables, le choix du mode de représentation alors devenant libre, il convient de le faire de manière à réduire autant que possible la longueur des calculs où devront entrer les mesures de ces données ou les nombres représentant ces rapports.

Le calcul des fractions ordinaires est, en quelque sorte, un calcul de nombres entiers en double partie, par numérateurs et par dénominateurs; on pourrait le simplifier en adoptant une approximation unique dans l'évaluation de tous les rapports; toutes les fractions alors, en entrant dans les calculs, y apporteraient même dénominateur; les additions et soustractions se feraient donc comme celles des nombres entiers, et, quant à la multiplication et à la division, elles se trouveraient au moins simplifiées.

Mais la réduction préalable et arbitraire de toutes les fractions au même type préconçu présenterait trop d'inconvénients, qu'il est inutile d'énumérer. On ne réalisera, dans de bonnes conditions, la simplification dont il s'agit, qu'en combinant, avec une autre, l'idée que nous venons d'énoncer.

La préexistence d'un dénominateur commun importe bien moins que la facilité de réduire au même dénominateur tous les nombres sur lesquels on a à opérer.

Or, les multiplications et divisions par 10 et ses puissances se faisant pour ainsi dire sans calculs, si toutes les données d'une même question se trouvaient d'avance exprimées en unités décimales, c'est-à-dire en dixièmes, en centièmes, en millièmes, etc., en fractions, enfin, ayant pour dénominateurs des puissances de 10, la réduction de ces fractions à un dénominateur commun n'exigerait plus que l'apposition de quelques zéros à droite des numérateurs de quelques-unes d'entre elles, et les quatre opérations ne porteraient plus ensuite que sur ces numérateurs modifiés.

Ces quelques mots contiennent toute la théorie des fractions décimales.

123. Le dénominateur de toute fraction décimale ayant une composition connue à l'avance, la notation même d'une pareille fraction pourra se simplifier; on pourra, en effet, se dispenser d'en écrire en tous caractères le dénominateur, il suffira d'un signe pour faire connaître l'exposant de la puissance de 10 qui le forme; le mode de représentation auquel on s'est arrêté consiste à séparer par une virgule sur la droite du numérateur un nombre de chiffres marqué par l'exposant de cette puissance :

$$\frac{83}{10}, \quad \frac{4548}{100}, \quad \frac{5378412}{1000}$$

s'écriraient donc :

$$8,3, \quad 45,48, \quad 5378,412.$$

Dans le cas où le numérateur n'aurait pas assez de chiffres, on y suppléerait par des zéros placés à sa gauche.

Ainsi :

$$\frac{78}{100}, \quad \frac{48}{10000}, \quad \frac{533}{1000000},$$

par exemple, s'écriraient :

$$0,78, \quad 0,0048, \quad 0,000533,$$

le dernier chiffre à droite du numérateur occupant toujours après la virgule un rang marqué par l'exposant de la puissance de 10 qu'on eût dû écrire en dénominateur.

Cette notation, a sur toute autre qui eût permis d'éviter la transcription du dénominateur, un avantage particulier d'une grande importance, la virgule y sépare la partie entière du nombre décimal, de la partie moindre que l'unité, et le rang de chaque chiffre, après ou avant la virgule, y assigne à ce chiffre un rapport décimal avec l'unité, exactement comme dans un nombre entier, le rang à partir de la droite.

En effet, si on lit un nombre décimal,

$$25,7342,$$

par exemple, comme on lirait un nombre fractionnaire, en ces termes : deux cent cinquante-sept mille trois cent quarante-deux dix millièmes, la qualification commune en dix millièmes, donnée à toutes les parties du nombre, résulte du rang de son dernier chiffre à droite par rapport à la virgule ; mais l'avant-dernier chiffre qui exprime des dizaines de dix millièmes pourrait être qualifié isolément en millièmes, le précédent en centièmes, et ainsi de suite.

Ainsi, le nombre 25,7342 pourrait se lire en ces termes : 20 et 5 entiers, 7 dixièmes, 3 centièmes, 4 millièmes et 2 dix millièmes.

Car, si on décompose la fraction $\dfrac{257342}{10000}$ en

$$\frac{200000}{10000} + \frac{50000}{10000} + \frac{7000}{10000} + \frac{300}{10000} + \frac{40}{10000} + \frac{2}{10000},$$

les deux termes de l'avant-dernière seront toujours divisibles par 10, ceux de la précédente par 100, etc., de sorte qu'après réduction, l'avant-dernière n'exprimera plus que des millièmes, la précédente des centièmes, celle qui aura pour numérateur le chiffre qui venait après la virgule, dans la notation décimale, n'exprimera plus que des dixièmes, la précédente des unités, etc.

Les nombres décimaux auront donc tous les caractères des nombres entiers, et aussi les opérations sur ces nombres se feront-elles pour ainsi dire comme s'il s'agissait de nombres entiers.

124. La réduction de plusieurs nombres décimaux au même dénominateur, si on voulait l'effectuer comme celle des fractions ordinaires, ne donnerait lieu, comme nous l'avons dit déjà, qu'à une simple transformation ne nécessitant aucun calcul.

Ainsi, s'il s'agissait des nombres

$$0,2, \quad 34,52 \quad \text{et} \quad 0,00043$$

on pourrait les écrire sous forme de fractions ordinaires :

$$\frac{2}{10}, \quad \frac{3452}{100} \quad \text{et} \quad \frac{43}{100000},$$

le plus petit multiple de leurs dénominateurs serait évidemment le plus grand d'entre eux, la fraction qui en serait affectée le conserverait donc, et pour y réduire les autres, on n'aurait qu'à multiplier les deux termes de chacune d'elles par une puissance convenable de 10, en plaçant à leur droite autant de zéros qu'il en faudrait pour compléter à chaque dénominateur le nombre de ceux du dénominateur commun.

Les fractions proposées deviendraient ainsi :

$$\frac{20000}{100000}, \quad \frac{3452000}{100000} \quad \text{et} \quad \frac{43}{10000};$$

et alors on leur rendrait leur forme décimale ,

$$0,20000, \quad 34,52000 \quad \text{et} \quad 0,00043.$$

Mais cette transformation peut être fondée plus naturellement et plus directement sur la notion des nombres décimaux considérés comme composés des parties décimales de l'unité : elle se réduit en dernière analyse à écrire, à la droite de ceux des nombres proposés qui avaient le moins de chiffres décimaux, des zéros en quantité telle que l'inégalité disparaisse ; or, on peut toujours, en effet, placer à la droite d'un nombre décimal tant de zéros qu'on veut, sans en altérer la valeur, puisqu'on ne fait en réalité qu'indiquer par là qu'on n'y ajoute rien.

ADDITION ET SOUSTRACTION DES NOMBRES DÉCIMAUX.

125. On peut exposer de deux manières différentes le calcul des nombres décimaux : on peut regarder ces nombres comme des fractions ordinaires et leur appliquer les règles établies dans le chapitre précédent, ou les soumettre à une théorie directe qui les assimilerait davantage aux nombres entiers, et où le raisonnement prendrait principalement pour base leur composition en parties décimales de l'unité.

Nous suivrons successivement l'une et l'autre méthode dans les explications que nous aurons à donner relativement à chacune des quatre opérations ; le lecteur apercevra aisément que, si la seconde a l'avantage quand il ne s'agit que des opérations d'addition et de soustraction, elle a, au contraire, un désavantage marqué quand on en vient à la multiplication et à la division.

L'addition ou la soustraction des nombres décimaux, considérés comme des fractions ordinaires, exigeraient leur réduction préalable au même dénominateur. Cette réduction se ferait, comme on l'a vu, par l'apposition de zéros à la droite de ceux des nombres proposés qui contiendraient moins de chiffres décimaux que celui qui en a le plus ; cette réduction faite, il resterait à effectuer, sur les numérateurs préparés, les opérations qui avaient été indiquées sur les nombres proposés eux-mêmes ; puis, les virgules ayant été supprimées dans la notation des numérateurs, on la rétablirait au même rang, compté de droite, au résultat, pour rétablir le dénominateur commun.

Cette règle revient évidemment à écrire les deux termes d'une même opération, addition ou soustraction, de manière que les virgules et par conséquent les chiffres de même rang se correspondent ; à effectuer l'opération comme s'il s'agissait de nombres entiers, en remplaçant effectivement ou mentalement les chiffres manquants par des zéros; et enfin à séparer par une virgule, à droite du résultat, autant de chiffres qu'il y en avait dans celui de nombres ajoutés ou retranchés qui en avait le plus.

Si on voulait traiter la question directement, on considérerait chacun des nombres proposés comme composé d'entiers, de dixièmes, de centièmes, etc., et dix unités d'un ordre décimal quelconque, en formant toujours une de l'ordre supérieur, on n'aurait qu'à répéter ce qui a été dit pour les nombres entiers, et on retomberait sur la règle qui vient d'être énoncée.

MULTIPLICATION DES NOMBRES DÉCIMAUX.

126. En considérant les nombres décimaux comme des fractions ordinaires, la règle pour les multiplier serait d'en multiplier entre eux les numérateurs, c'est-à-dire les nombres proposés, abstraction faite, dans chacun d'eux, de la virgule, et les dénominateurs entre eux, c'est-à-dire des puissances de 10 ayant pour exposants respectifs les nombres de chiffres décimaux des facteurs du produit à former.

Le produit des numérateurs serait un nombre entier quelconque, et le produit des dénominateurs une puissance de 10 ayant pour exposant la somme des nombres de chiffres décimaux des nombres proposés; ces deux produits seraient séparément le numérateur et le dénominateur de la fraction cherchée. Cette fraction, sous forme décimale, serait donc représentée par le produit des nombres proposés, abstraction faite des virgules, sur la droite duquel on aurait séparé autant de chiffres décimaux qu'il y en avait dans le multiplicande et dans le multiplicateur à la fois.

127. On peut arriver à la même règle en ramenant la question à une multiplication de nombres entiers, au moyen de ce principe, que lorsqu'on multiplie par un nombre un des facteurs (entier ou fractionnaire) d'un produit, on multiplie le produit par ce nombre. La démonstration se fait alors comme il suit :

Si on supprimait la virgule au multiplicande, on le multiplierait par une puissance de 10 marquée par le nombre de ses

chiffres décimaux, cette transformation rendrait le produit autant
de fois trop fort; si on enlevait ensuite la virgule au multiplicateur, on multiplierait encore le produit par une puissance de 10
marquée par le nombre des chiffres décimaux de ce multiplicateur; en supprimant, à la fois, les virgules au multiplicande et au
multiplicateur, on multiplierait donc le produit par une puissance
de 10 marquée par la somme des nombres de chiffres décimaux
de ses facteurs; après avoir formé le produit des nombres proposés, abstraction faite des virgules, il faudrait donc le diviser
par la même puissance de 10, c'est-à-dire séparer à sa droite autant de chiffres décimaux qu'en contenaient les facteurs proposés.

DIVISION DES NOMBRES DÉCIMAUX.

128. La division de deux nombres décimaux, si on ne la poussait que jusqu'à en obtenir le quotient sous forme fractionnaire,
ne donnerait même pas lieu au moindre calcul; la multiplication
de la fraction dividende par la fraction diviseur renversée ne con-
sisterait qu'en des multiplications de nombres entiers par des
puissances de 10.

$$2{,}31 \text{ et } 3{,}412,$$

en les considérant comme représentant les fractions

$$\frac{231}{100} \quad \text{et} \quad \frac{3412}{1000},$$

donneraient pour quotient :

$$\frac{231000}{341200} \quad \text{ou} \quad \frac{2310}{3412},$$

résultat final où on fût parvenu plus directement, soit en réduisant d'abord les deux fractions au même dénominateur 1000 sous
les formes

$$\frac{2310}{1000} \quad \text{et} \quad \frac{3412}{1000};$$

et observant que dans la division de deux fractions réduites au même dénominateur, ce dénominateur disparaît parce qu'il devient facteur commun aux deux termes du résultat; ou encore que lorsqu'on multiplie les deux deux termes (entiers ou fractionnaires) d'une division par un même nombre, le quotient n'en est pas altéré.

Mais lorsqu'on a à faire une division de nombre décimaux, on ne considère, avec raison, le quotient, que comme préparé par la transformation que nous venons d'indiquer; il reste à l'obtenir sous forme décimale : c'est ce qui fera l'objet du chapitre suivant.

CHAPITRE XII.

Conversion des fractions ordinaires en décimales, et propriétés des fractions décimales périodiques.

129. Nous savons que toute fraction ordinaire représente le quotient de son numérateur, divisé en autant de parties égales que son dénominateur contient d'unités, et, réciproquement, que le quotient de deux nombres entiers pourrait être représenté par une fraction ayant pour numérateur le dividende, et pour dénominateur, le diviseur de la division à faire.

La conversion d'une fraction ordinaire en décimales n'est donc autre chose que l'évaluation du quotient qu'elle représente, en parties décimales de l'unité ; et, réciproquement, cette transformation pourra servir à compléter, sous forme décimale, s'il est possible, le quotient d'une division de nombres entiers qui n'aurait pas réussi, ou donnera, du moins, ce quotient avec une erreur moindre que l'unité décimale du dernier ordre jusqu'auquel on aura poussé le calcul.

130. Cette conversion ainsi motivée ne présente qu'une idée fort simple, et les calculs qu'elle exige se devinent aisément.

S'il s'agissait de convertir $\dfrac{17}{8}$ en décimales, c'est-à-dire si l'on proposait d'obtenir la partie entière, les dixièmes, les centièmes, etc., du quotient de 17 unités partagées en 8 parties égales, on raisonnerait ainsi : 17 unités partagées en 8 parties égales en donnent 2 pour 16, et il en reste une à partager, qui vaut 10 dixièmes ; ces 10 dixièmes partagés en 8 parties égales en donnent 1 pour 8, et il en reste 2 à partager, qui valent 20 centièmes ; ces 20 centièmes partagés en 8 parties égales en donnent 2 pour 16, et il en reste encore 4, qui valent 40 millièmes, qui, enfin, en donnent 5 pour quotient.

Ainsi, $\dfrac{17}{8}$ contiendraient 2 entiers, 1 dixième, 2 centièmes et 5 millièmes; la fraction $\dfrac{17}{8}$ équivaudrait donc à 2,125.

La règle à suivre se déduit aisément de cet exemple :

Pour convertir une fraction ordinaire en décimales, il faut en diviser le numérateur par le dénominateur, le quotient de cette division donne la partie entière du nombre décimal cherché; convertir en dixièmes, en le multipliant par **10**, le reste obtenu et le diviser par le diviseur, le quotient de cette nouvelle division est naturellement moindre que **10**, puisque le dividende en est moindre que **10** fois le diviseur : il fournit les dixièmes du nombre cherché; convertir le nouveau reste en centièmes, en le multipliant encore par **10** et le diviser par le même diviseur, le quotient nécessairement moindre que **10** de cette 3ᵉ division fournit les centièmes du nombre cherché; convertir encore le nouveau reste en millièmes, et continuer toujours de même jusqu'à ce qu'on trouve un reste nul ou qu'on parvienne au chiffre décimal jusqu'auquel on voulait pousser l'évaluation.

On dispose les opérations comme l'indique le tableau suivant :

$$
\begin{array}{r|l}
17 & 8 \\
10 & \\ \hline
20 & 2,125 \\
40 &
\end{array}
$$

La conversion n'est pas toujours possible sous forme finie; ainsi, si l'on voulait évaluer en décimales la fraction $\dfrac{3}{7}$,

$$
\begin{array}{r|l}
30 & 7 \\
20 & \\ \hline
60 & 0,428571 \\
40 & \\
50 & \\
10 & \\
30 &
\end{array}
$$

les opérations indiquées au numéro précédent donneraient pour chiffres des dixièmes, centièmes, millièmes, etc. : 4, 2, 8, 5, 7 et 1. Or, arrivé là, on trouverait un reste 3, précisément égal au dividende primitif. En poussant donc plus loin les opérations qui se retrouveraient être identiquement les mêmes et en même ordre que celles déjà faites, on ne pourrait que retrouver indéfiniment la même série de quotients, 4, 2, 8, 5, 7, 1, 4, 2, 8, 5, 7, 1, 4, 2, 8, 5, 7, 1, etc., sans aucune fin possible.

131. Le premier reste qui se reproduit n'est pas toujours précisément le premier dividende ; mais il suffit toujours, qu'au bout d'un certain nombre d'opérations, on soit retombé sur un reste déjà obtenu, pour qu'on puisse en conclure que la conversion ne pourrait se faire sous forme finie.

132. Au reste, il est aisé de voir que le quotient ne peut jamais être que terminé ou périodique, c'est-à-dire que les divisions poussées assez loin fourniront toujours un reste nul ou feront reparaître un reste déjà obtenu ; car les restes, tous nécessairement moindres que le diviseur, devront forcément se reproduire avant qu'on en ait obtenu autant que le diviseur contenait d'unités moins une ; à moins que l'opération ne se soit déjà terminée.

133. Lorsque la période commence immédiatement après la virgule, le quotient est périodique simple ; dans le cas contraire, il est périodique mixte. La période est dans les deux cas formée de l'ensemble des chiffres qui se reproduisent dans le même ordre.

Ce qu'on vient de dire soulève naturellement les questions suivantes : Peut-on, à l'avance, à des caractères certains, savoir d'une fraction donnée si elle pourra se convertir exactement en décimales ? Si elle donnera un quotient périodique simple ou mixte ?

134. *Toute fraction ordinaire irréductible, dont le dénomi-*

nateur *ne contient que les facteurs premiers* 2 *et* 5, *peut se con-vertir exactement en décimales.*

En effet, la conversion d'une pareille fraction né nécessitera que la multiplication des deux termes par une puissance conve-nable de 2 ou de 5, et telle que les exposants de ces deux fac-teurs au dénominateur deviennent égaux; car le produit de deux puissances pareilles de 2 et de 5 est la même puissance de 10.

Ainsi, $\dfrac{17}{40}$ ou $\dfrac{17}{2^3 . 5}$ sera changée en fraction décimale si l'on en multiplie simultanément les deux termes par 5^2; car elle four-nira $\dfrac{17 \times 5^2}{2^3 \times 5^3}$, ou $\dfrac{17 \times 25}{1000}$, ou $\dfrac{425}{1000}$, ou 0,425.

135. Au contraire, *toute fraction irréductible, dont le déno-minateur contiendrait d'autres facteurs que* 2 *et* 5, *donnerait nécessairement lieu à un quotient décimal indéfini et par suite périodique;* car, s'il en était autrement, une fraction décimale, c'est-à-dire ayant pour dénominateur une puissance de 10, pour-rait être équivalente à une fraction ordinaire irréductible conte-nant à son dénominateur des facteurs premiers étrangers à cette puissance de 10; une fraction pourrait donc être égale à une autre fraction irréductible, le dénominateur de celle-ci n'étant pas un sous-multiple exact de celui de la première; or, cela est impossible.

Ainsi, la fraction $\dfrac{14}{45}$ ou $\dfrac{14}{3^3 . 5}$ ne pourra pas se convertir exac-tement en décimales; car, pour qu'elle fût égale, par exemple,

à $\dfrac{213}{1000}$, il faudrait que 213 et 1000 fussent des équi multiples de 14 et de 45; or, 1000 ne peut être un multiple de 45, qui contient d'autres facteurs premiers que les siens.

136. Au lieu de rechercher directement les conditions aux-quelles doit satisfaire une fraction ordinaire pour donner lieu à un quotient décimal périodique simple ou à un quotient pério-dique mixte, il est plus simple de chercher, au contraire, à revenir

d'un quotient périodique, simple ou mixte, à la fraction ordinaire correspondante, afin de découvrir, s'il y a lieu, une loi de formation de cette fraction qui permette de distinguer les deux cas l'un de l'autre.

Toute fraction décimale périodique simple est équivalente à une fraction ordinaire qui aurait pour numérateur la différence entre sa partie entière, s'il y en a une, et le nombre entier qu'on séparerait à gauche de la virgule transportée à droite de la première période, et pour dénominateur un nombre composé d'autant de 9 qu'il y a de chiffres dans cette période.

Ainsi, la fraction 0,232323..... est équivalente à $\dfrac{23}{99}$.

En effet, répétée 100 fois, elle donne un produit 23,2323.... composé de ce qu'elle était d'abord et du nombre 23 ; ce nombre 23 seul vaut donc 99 fois la fraction proposée. Ainsi, cette fraction est équivalente à $\dfrac{23}{99}$. La fraction 4,521251..... serait de même équivalente à $\dfrac{4521 - 4}{999}$.

137. *Toute fraction décimale périodique mixte est équivalente à une fraction ordinaire qui aurait pour numérateur la différence des nombres entiers, qu'on séparerait à gauche de la virgule transportée successivement à droite et à gauche de la première période, et pour dénominateur un nombre composé d'autant de 9 qu'il y a de chiffres dans la période, suivis d'autant de zéros qu'il y a de chiffres irréguliers après la virgule.*

Ainsi la fraction

$$4,28354354354.....$$

est équivalente à $\dfrac{428354 - 428}{99900}$.

En effet, répétée d'abord 100 fois, et ensuite 100000 fois, elle donne successivement les produits :

$$428,354354.....$$

et

$$428354,354354.....$$

composés d'une partie fractionnaire commune et des deux nombres entiers cités dans l'énoncé ; la différence de ces produits serait la différence de leurs parties entières, et représenterait 100000 fois moins 100 fois ou 99900 la fraction proposée ; cette fraction est donc le quotient de la différence 428354 — 428 divisée par 99900, ou

$$\frac{428354 - 428}{99900}.$$

Le mode de démonstration, commun aux deux théorèmes, consiste, comme il est aisé de le voir, à obtenir deux multiples de l'inconnue qui renferment la même partie décimale indéfinie, et dont la différence en soit dès lors indépendante.

On peut, quoique à tort, reprocher à cette démonstration une sorte de défaut de rigueur en ce que (l'objection est plus difficile à énoncer qu'à réfuter), en ce que, dis-je, les deux séries indéfinies que l'on compare n'auraient plus le même nombre de périodes, la virgule ayant été déplacée dans l'une d'elles au moins.

J'engage le lecteur à rétablir lui-même la démonstration d'une autre manière, en faisant voir que la fraction ordinaire qui, d'après l'énoncé, fournit la valeur limite du quotient périodique indéfini, différerait aussi peu qu'on voudrait de la valeur de ce quotient poussé suffisamment loin.

138. *Toute fraction ordinaire irréductible dont le dénominateur ne contient ni le facteur 2, ni le facteur 5, donne lieu à un quotient décimal périodique simple.* En effet, si elle pouvait fournir un quotient périodique mixte, ce quotient, remis lui-même sous forme de fraction ordinaire, d'après le principe précédent, donnerait une fraction contenant en facteur à son dénominateur une certaine puissance de 10 ; cette fraction, cependant, réduite à sa plus simple expression, devrait reproduire la proposée ; il faudrait donc que la même puissance de 10 entrât dans son numérateur ; or, c'est ce qui ne saurait être, ce numérateur étant la différence de deux nombres entiers terminés par

des chiffres différents, l'un le dernier chiffre de la période, et l'autre le dernier chiffre de la partie non périodique.

Ainsi, la fraction irréductible $\dfrac{5}{21}$, dont le dénominateur ne contient ni le facteur 2, ni le facteur 5, donnera lieu à un quotient périodique simple ; car, si on la supposait, par exemple, égale à

$$0{,}23459459\ldots\ldots,$$

elle le serait aussi à

$$\frac{23459 - 23}{99900}.$$

Cette dernière devrait, par conséquent, pouvoir se réduire à $\dfrac{5}{21}$; les facteurs 2^2 et 5^2, qui se trouvent à son dénominateur, devraient donc se trouver à son numérateur ; ce numérateur devrait donc aussi se terminer par deux zéros ; or, cela ne pourrait être qu'à moins qu'on n'eût pris pour mixte un quotient effectivement simple.

139. *Toute fraction ordinaire irréductible dont le dénominateur, outre d'autres facteurs, contient soit le facteur 2, soit le facteur 5, soit l'un et l'autre, donne lieu à un quotient périodique mixte ; et autant de chiffres de ce quotient précèdent la période que la plus haute puissance de 2 ou de 5, facteur au dénominateur, a d'unités à son exposant.*

En effet : 1° si elle pouvait fournir un quotient périodique simple, ce quotient, correspondant lui-même à une fraction dont le dénominateur serait composé rien que de 9, il en résulterait qu'une fraction irréductible ayant à son dénominateur, soit le facteur 2, soit le facteur 5, pourrait être équivalente à une fraction qui ne les y aurait ni l'un ni l'autre : cela est impossible ; 2° en multipliant la fraction proposée par 10, 100, 1000, etc., on n'en modifierait l'expression décimale qu'en ce que la

virgule s'y trouverait reportée de un, deux, trois, etc., rangs
vers la droite; d'un autre côté, après avoir multiplié la fraction donnée par 10, 100, etc., en la simplifiant chaque fois
autant que possible, on réduirait successivement de une, deux,
trois, etc., unités l'exposant de la plus haute puissance de 2 ou
de 5 que contenait primitivement son dénominateur; or, tant
que l'un de ces facteurs subsisterait au dénominateur, le quotient
resterait mixte, et dès, au contraire, que le dernier aurait dis-
paru, il deviendrait simple : en rapprochant ces deux conséquences, on voit bien que le quotient contiendra, après la virgule, autant de chiffres irréguliers que le dénominateur de la
fraction proposée contiendra de fois celui des deux facteurs 2 ou
5 qui y entrera à la plus grande puissance.

Ainsi, la fraction irréductible $\dfrac{2747}{750}$, qui peut se mettre sous
la forme $\dfrac{2747}{3 \times 2 \times 5^3}$, donnera un quotient périodique mixte;
les trois premiers chiffres après la virgule seront irréguliers, et la
période commencera au quatrième.

En effet, 1° supposer qu'elle donnât un quotient périodique
simple, tel que :

$$3,418\ 418\ldots\ldots,$$

serait vouloir qu'elle pût égaler :

$$\frac{3418}{999},$$

ou que la simplification de cette dernière introduisît à son dénominateur les facteurs 2 et 5 qui ne s'y trouvent pas.

2° Ayant constaté que la fraction périodique équivalente à
$\dfrac{2747}{750}$ doit avoir au moins un chiffre irrégulier, si nous les mul-
tiplions l'une et l'autre par 10, en reportant la virgule d'un rang
vers la droite dans la première, et remplaçant la seconde par
$\dfrac{2747}{75}$, comme celle-ci contiendrait encore le facteur 5 à son dé-

nominateur, nous en conclurions que la nouvelle fraction périodique aurait encore au moins un chiffre irrégulier, et que par conséquent la première en devait avoir au moins deux ; etc.

140. *Remarques.*

I. Toute fraction irréductible, dont le dénominateur ne contient ni le facteur 2 ni le facteur 5, pouvant être égalée à une fraction convenablement formée, dont le dénominateur ne se compose que de 9, on en conclut que, parmi les multiples d'un nombre premier avec 10, il y en a toujours un qui ne se compose que de 9.

Nous avons fait usage de ce théorème dans la théorie de la divisibilité.

II. Si au lieu du système décimal on se servait de tout autre, la réduction de fractions quelconques en fractions ayant pour dénominateurs des puissances de la base, donnerait lieu à une théorie identique à celle que nous venons d'exposer.

Les théorèmes s'énonceraient :

1° Toute fraction irréductible, qui ne contient à son dénominateur que des facteurs de la base, peut se convertir ;

2° La conversion de toute fraction, ne remplissant pas les conditions qui viennent d'être énoncées, est impossible sous forme finie, et donne lieu à un quotient périodique simple ou mixte ;

3° Ce quotient périodique est simple quand le dénominateur de la fraction proposée est premier avec la base ;

4° Il est mixte dans le cas contraire, et le nombre des chiffres irréguliers qui s'y trouvent après la virgule est égal à l'exposant de la puissance à laquelle entre au dénominateur de la fraction proposée celui des facteurs premiers qui est répété le plus grand nombre de fois dans ce dénominateur ;

5° Toute fraction périodique est équivalente à une fraction ordinaire ayant pour numérateur la différence des nombres entiers que l'on séparerait à gauche de la virgule, transportée successivement à droite et à gauche de la première période, et pour dénominateur un nombre composé du chiffre qui représente la base diminuée d'une unité, répété autant de fois qu'il y a de chiffres dans la période, et d'autant de zéros qu'il y a de chiffres irréguliers après la virgule.

III. On peut conclure de ces théorèmes, que tout nombre premier avec la base dans le système de laquelle il est écrit, a toujours parmi ses multiples un nombre composé seulement de chiffres égaux à celui qui représente la base diminuée d'une unité.

Ou, en d'autres termes, que tout nombre premier avec un autre nombre b a toujours un de ses multiples compris dans la formule :

$$(b-1) + b\,(b-1) + b^2\,(b-1) + b^3\,(b-1) + \ldots$$

EXERCICES.

I. Trouver la condition pour qu'une fraction ordinaire irréductible puisse être convertie en une fraction dont le dénominateur soit une puissance donnée d'un nombre donné.

II. Démontrer que si une fraction ordinaire irréductible donne lieu à un quotient décimal périodique simple, la période ne peut commencer avant la virgule, à moins que le numérateur de cette fraction ne se termine par un zéro.

III. Démontrer que si le dénominateur d'une fraction ordinaire irréductible est un nombre premier autre que 2 ou 5, et que cette fraction donne naissance à un quotient où la période ait un nombre pair $2n$ de chiffres : 1° les chiffres pris dans une même période à égale distance des extrêmes donneront toujours pour somme 9 ; 2° des $2n$ restes consécutifs qui fournissent les $2n$ chiffres de la période, la somme de deux quelconques pris à égale distance des extrêmes sera égale au dénominateur de la fraction proposée.

IV. Si l'on convertit en décimales deux fractions irréductibles, ayant un même dénominateur premier avec 10, les périodes des deux quotients auront le même nombre de chiffres, et ces chiffres seront les mêmes et reviendront dans le même ordre, les deux périodes étant cependant différentes l'une de l'autre.

V. Prouver directement l'égalité des fractions

$$\frac{34}{99}, \quad \frac{3434}{9999}, \quad \frac{343434}{999999}, \quad \text{etc.}$$

VI. Prouver directement l'égalité des fractions

$$\frac{237 - 2}{990}, \quad \frac{23737 - 237}{99000}.$$

CHAPITRE XIII.

Résolution générale des règles de trois, et applications.

141. Nous l'avons déjà dit plusieurs fois, l'arithmétique ne peut suffire à aucune application pratique, elle ne peut fournir par elle-même que la solution de questions de nombres abstraits.

Avant que le calcul n'intervienne pour donner en nombre la mesure de la grandeur que la question qu'on se propose a pour but de déterminer, il faut, en général, 1° que l'expérience ait fourni, sous le nom de *principes*, l'expression des lois élémentaires qui régissent les variations simultanées des grandeurs, causes et effets, dont il est question ; 2° que des déductions logiques aient fait connaître les conditions spéciales du phénomène étudié ; 3° que, par des transformations algébriques convenables, ces conditions aient reçu l'expression la plus simple qu'elles comportent. Alors seulement l'arithmétique peut intervenir.

Les trois opérations préliminaires que nous venons d'énumérer se simplifieront assez, dans certains cas, pour que la trace même puisse ne pas en rester apparente dans le discours, parce que l'esprit aura, en un instant inappréciable, perçu les principes applicables à la question proposée, et opéré les transformations d'énoncé nécessaires pour la résoudre ; mais, pour avoir nécessité peu d'efforts et duré peu de temps, ces opérations n'en auront pas moins été effectuées.

Pour que la solution d'une question puisse se ramener immédiatement à de simples opérations arithmétiques, il faut que les relations de choses, exprimées sous forme concrète dans l'énoncé, puissent se traduire immédiatement par des relations de nombre ; cela n'arrive que dans des cas exceptionnels.

142. La similitude est du nombre des relations simples qui se perçoivent et se traduisent aisément : toutes les questions où il ne s'agira que de passer d'un phénomène connu à un autre semblable, pourront donc, en général, être abordées sans préliminaires, parce que les conditions en seront renfermées dans des proportions faciles à former et à résoudre ; mais le domaine de l'arithmétique se réduit, à bien peu près, aux questions de ce genre.

Encore même observerons-nous, afin de prévenir toute illusion, que les questions concrètes qu'on est dans l'usage de traiter dans tous les ouvrages d'arithmétique, sous le nom de règles de trois, qu'on résout à l'aide des proportions, en admettant, par conséquent, l'exacte similitude des états comparés, ne comportent qu'à une approximation assez grossière, l'usage de la méthode dont on se sert pour les résoudre.

La réduction des questions concrètes en questions abstraites est, dans tous les genres de recherches, ce que l'étude offre de plus difficile ; le passage ne peut généralement se faire qu'en raison d'hypothèses effectivement contraires à la réalité, et il importe de ne pas apporter une foi trop entière dans la justesse des procédés logiques au moyen desquels on l'effectue.

Si 20 mètres d'une certaine étoffe valent cent francs, il n'en résulte assurément pas qu'un centimètre de la même étoffe vaille cinq centimes, parce que ce centimètre pourrait n'être d'aucun usage.

143. Des grandeurs, désignées sous leurs espèces générales par A, B, C, D, E, etc., sont dites proportionnelles deux à deux, lorsque deux quelconques d'entre elles ne peuvent varier, les autres restant fixes, que dans ces conditions : que si l'une des deux devient le double, le triple, etc., de ce qu'elle était d'abord, la seconde, en même temps, devienne le double, le triple, etc., ou la moitié, le tiers, etc., de ce qu'elle était. Si ces deux grandeurs croissent ou décroissent en même temps, elles sont dites varier en raison ou en rapport direct ; dans le cas contraire, en raison ou en rapport inverse.

La loi, d'ailleurs, qui les assujettit l'une à l'autre dans leurs variations brusques du simple au double, au triple, etc., ou à la moitié, au tiers, etc., constitue en réalité un lien parfaitement intime, et si l'une des deux devenait une fraction quelconque, comme les cinq sixièmes de ce qu'elle était d'abord, la seconde, en même temps, prendrait les cinq sixièmes ou les six cinquièmes de sa valeur primitive, selon que ces deux grandeurs varieraient en raison directe ou inverse.

En effet, s'il s'agit, par exemple, des grandeurs désignées sous les noms de A et de B, et que ces grandeurs, assujetties à varier, par exemple, en raison inverse l'une de l'autre, aient pour valeurs primitives a et b, elles pourront devenir en même temps, l'une cinq fois a, et l'autre un cinquième de b, puis, de ce nouvel état, arriver à être, l'une le sixième de cinq fois a, ou les cinq sixièmes de A, et l'autre, six fois le cinquième de b ou les six cinquièmes de B.

La relation de proportionnalité entre deux grandeurs est donc parfaitement intime, et les enchaîne l'une à l'autre de telle sorte que, l'une ne puisse subir une variation définie quelconque, sans que l'autre n'en reçoive une correspondante, tout aussi bien définie.

144. On nomme généralement règle de trois toute question où des grandeurs A, B, C, D, etc., proportionnelles deux à deux, en raisons directes ou inverses, étant données dans un premier état sous les valeurs a, b, c, d, etc., et toutes, moins l'une d'entre elles, A, par exemple, dans un autre état, sous les valeurs b', c', d', etc., il s'agit de trouver celle qui n'est pas donnée au moyen des lois qui la lient aux autres.

La résolution d'une question de ce genre peut être proposée de trois manières différentes :

On pourrait la ramener à la résolution d'une série de proportions qui auraient respectivement pour inconnues les valeurs successives que devrait prendre la grandeur de l'espèce de A, lorsqu'on passerait du premier état au second, par une suite d'états intermédiaires, en changeant seulement d'abord b en b', puis c en c', d en d', enfin e en e' : si la règle est proposée en cinq termes.

On pourrait aussi établir à l'avance que la mesure d'une grandeur directement ou inversement proportionnelle à deux autres, est directement ou inversement proportionnelle au produit de leurs mesures, et que la mesure d'une grandeur proportionnelle à deux autres, en raison directe pour la première et en raison inverse pour la seconde, est proportionnelle au quotient des mesures de la première et de la seconde.

On réduirait par là la résolution d'une règle de trois, proposée en autant de termes qu'on voudra, à la résolution d'une seule proportion.

On arrive plus simplement au résultat par la méthode connue sous le nom de *réduction à l'unité*, qui consiste principalement à substituer au changement brusque de chacune des données du premier état, dans la donnée correspondante du second, deux changements successifs où l'unité serve d'intermédiaire.

Cette méthode revient au fond à substituer à une multiplication ou à une division, dans un rapport fractionnaire, deux opérations consistant en une multiplication ou une division par l'antécédent de ce rapport, et une division ou une multiplication par son conséquent.

On en pousse même encore plus loin l'usage dans la pratique : lorsque les données b, c, d, e, b', c', d', e'…. sont fractionnaires, la réduction partielle de l'une d'elles à l'unité, ou le passage de l'unité à une autre, se font encore en deux opérations, de manière à éviter complétement l'usage des règles relatives au calcul des fractions.

C'est avec l'intention d'opérer ainsi, qu'on se borne, pour définir la loi de proportionnalité, au cas restreint où les variations se font du simple au double ou au triple, etc., ou à la moitié, au tiers, etc., comme nous l'avons fait au reste dans la définition de la relation qu'elle établit, en prenant soin toutefois de généraliser ensuite cette définition.

145. Supposons, pour fixer les idées, que de A à B le rapport soit direct, de A à C, inverse, de A à D, inverse, et enfin, de A à E, direct.

Si les grandeurs, dont il est question, sous les valeurs :

$$a, b, c, d, e,$$

satisfont aux conditions qui leur sont imposées d'ailleurs, comme de A à B le rapport est direct, si b était remplacé par 1, c'est-à-dire devenait b fois moindre, a en même temps devrait devenir aussi b fois moindre et prendre la valeur $a' = \dfrac{a}{b}$, de sorte que sous les valeurs

$$a_1 = \frac{a}{b}, 1, c, d, e,$$

les cinq grandeurs satisferaient encore aux conditions de leur nature ; alors si c était remplacé par 1, c'est-à-dire devenait c fois moindre, comme de A à C le rapport est inverse en même temps, a_1 devrait devenir c fois plus grand et prendre la valeur $a_1 c$ ou $\dfrac{a \cdot c}{b}$, de sorte que

$$a_2 = \frac{a \cdot c}{b}, 1, 1, d, e$$

se conviendraient ; il en serait de même de

$$a_3 = \frac{a \cdot c\, d}{b}, 1, 1, 1, e,$$

et enfin de

$$a_4 = \frac{a \cdot c \cdot d}{b \cdot e}, 1, 1, 1, 1.$$

En introduisant maintenant les données du second état, on trouverait successivement pour valeurs correspondantes et qui pussent être associées :

$$a_5 = \frac{a \cdot c \cdot d \cdot b'}{b \cdot e}, b', 1, 1, 1,$$

$$a_6 = \frac{a.\,c.\,d.\,b'}{b.\,e.\,c'},\ b',\,c',\,1,\,1,$$

$$a_7 = \frac{a.\,c.\,d.\,b'}{b.\,e.\,c'.\,d'},\ b',\,c',\,d'\,1,$$

et enfin,

$$a' = \frac{a.\,c.\,d.\,b'.\,e'}{b.\,e.\,c'.\,d'},\ b',\,c',\,d',\,e'.$$

L'inconnue, en définitive, serait donc :

$$\frac{a.\,c.\,d.\,b'.\,e'}{b.\,e.\,c'.\,d'},$$

ou

$$a \times \frac{b'}{b} \times \frac{c}{c'} \times \frac{d}{d'} \times \frac{e'}{e}.$$

Ainsi donc on la formera en multipliant successivement *la donnée principale*, l'homologue de l'inconnue, par tous les rapports
deux à deux des autres données, chacun de ces rapports étant pris
de la donnée du second état à celle du premier ou inversement,
selon que l'inconnue sera directement ou inversement proportionnelle à la donnée du second état qui doit y entrer.

146. REMARQUE. Lorsqu'une inconnue ne peut pas résulter d'additions et de soustractions à effectuer sur les données de la question, la proportionnalité est la plus simple des lois qui puissent
l'en faire dépendre, et l'on cherche toujours à ramener à cette
forme toutes les lois plus compliquées, dont on ne peut connaître
exactement la formule.

C'est ainsi que toutes les lois fondamentales de physique, de
chimie, sont exprimées sous forme de proportions. Au reste, quelque genre de recherches expérimentales qu'on doive aborder,
il est aisé de voir que cette forme unique pourra toujours suffire
à tous les besoins, dans les limites des approximations qu'on peut
atteindre. En effet :

Toute loi fondamentale, tout principe d'une science quelconque est toujours la relation directe entre l'énergie d'une
cause unique et la grandeur de l'effet qu'elle produit. Pour ob-

tenir l'expression pratique d'une pareille loi, on commence par mesurer d'une part l'énergie de la cause à ses deux limites pratiques, extrêmes, de petitesse et de grandeur, et d'autre part les effets qu'elle produit ; ces résultats obtenus, en divisant la différence des mesures de l'effet, à ses deux limites, par la différence des mesures de la cause, on obtient ce qu'on appelle l'*effet moyen* à ajouter au plus petit effet possible, pour chaque unité ajoutée à la mesure de la cause, à partir de son état de moindre intensité.

Si c_i et e_i mesurent la cause et l'effet dans leur état initial de petitesse extrême, et que c_f et e_f les mesurent dans leur état final de grandeur extrême,

$$\frac{e_f - e_i}{c_f - c_i}$$

est l'effet moyen, et l'on exprime d'abord par une première approximation un effet intermédiaire quelconque e_q, au moyen de la cause correspondante c_q, par la formule :

$$e_q = e_i + \frac{e_f - e_i}{c_f - c_i} \, (c_q - c_i) ;$$

c'est-à-dire : l'effet quelconque est égal au plus petit effet, augmenté du produit de l'effet moyen multiplié par la différence entre la cause quelconque et la plus petite cause.

Très souvent cette formule donne une approximation suffisante dans toute l'étendue $c_f - c_i$; mais lorsque cela n'a plus lieu, on sépare l'intervalle primitif $c_f - c_i$ en d'autres intervalles secondaires, pour chacun desquels on détermine l'effet moyen, et la même formule employée avec des coefficients (1) différents sert toujours dans toute l'étendue de l'échelle.

Ce que nous venons de dire explique comment il se fait que

---

(1) L'effet moyen prend habituellement le nom de coefficient ; on dit coefficient de dilatation pour dilatation moyenne, coefficients d'extensibilité ou de compressibilité pour extension ou compression moyennes, etc.

l'immense majorité des questions pratiques se résolvent par des
règles de trois.

RÈGLE DE FAUSSE POSITION.

147. La règle de fausse position n'est autre chose que la théorie de cette méthode générale que nous venons d'indiquer pour
parvenir, par tâtonnements réguliers, à la solution de questions se
rapportant à des phénomènes dont les lois ne sont pas bien connues. Elle consiste à substituer toujours, mais dans une certaine
mesure et avec certaines précautions, la loi de proportionnalité
à toutes les autres.

Cette méthode, imaginée antérieurement à l'invention de l'algèbre, fournit exactement les solutions de toutes les questions
qui dépendent des équations du premier degré; elle ne donnerait que dans des cas particuliers les solutions exactes des questions qui dépendent d'équations de degré supérieur; mais elle
peut toujours les fournir avec une approximation pour ainsi
dire aussi grande qu'on le veut.

Quoiqu'on ne l'emploie plus à la solution des questions simples
qu'on peut résoudre plus aisément par l'algèbre, je crois cependant devoir l'exposer ici, avec tous les détails nécessaires pour en
donner une idée nette.

Supposons d'abord que la question ne comporte qu'une seule
inconnue.

On attribuera une première valeur arbitraire à cette inconnue,
et on cherchera si cette valeur est bonne en la soumettant aux
épreuves indiquées dans l'énoncé, afin de voir si elle remplit
les conditions voulues.

Comme elle aura été choisie au hasard, en général, elle ne
satisfera pas à ces conditions; les deux choses qui devraient se
trouver égales, d'après l'énoncé, ne le seront pas, il s'en man-
quera de plus ou de moins, c'est-à-dire qu'elles différeront plus
ou moins l'une de l'autre.

Selon que la différence sera grande ou petite, on pourra en
conclure que la valeur, arbitrairement attribuée à l'inconnue,

est beaucoup ou peu éloignée de sa valeur vraie ; quoi qu'il en soit, on supposera une autre valeur à l'inconnue, valeur plus grande ou plus petite, n'importe.

On cherchera de même à vérifier cette valeur, et habituellement on trouvera encore une inégalité là où il devrait y avoir égalité ; mais la différence entre les deux choses qui devraient être égales aura habituellement crû ou diminué, et subsistera dans le même sens, ou se trouvera en sens contraire.

Si le sens de l'inégalité est resté le même, suivant que la différence sera devenue moindre ou plus grande, on pourra en induire que l'on a marché vers la vraie valeur de l'inconnue ou qu'on s'en est éloigné ; si le sens de l'inégalité s'est renversé, cela indiquera qu'on a dépassé le but.

Quoi qu'il en soit, si l'on suppose comme première approximation que la loi qui régit le phénomène en question soit telle que le chemin fait vers l'égalité, estimé par la différence des différences des deux choses qui doivent être égales, varie proportionnellement à la différence des valeurs attribuées à l'inconnue, cette loi fournira une première valeur approchée de l'inconnue, valeur qui sera d'ailleurs la vraie, si la loi supposée est exacte.

Ainsi, supposons que l'égalité à laquelle on voudrait satisfaire soit $A = B$, que x désigne l'inconnue, que la première valeur attribuée à x ait été m, que la chose A soit alors devenue a et la chose B, b : si on avait $a = b$, m serait la vraie valeur de x ; mais supposons $a > b$; soient n la seconde valeur, moindre par exemple que m, qu'on ait attribuée à x, a' et b' les valeurs qu'auront prises A et B dans l'hyppothèse $x = n$: en supposant que a' et b' soient différents l'un de l'autre, soit $a' > b'$, enfin soient d et d' les différences $a-b$, $a'-b'$, et supposons $d > d'$:

En passant pour l'inconnue de la valeur m à la valeur n, on aura donc marché vers l'égalité ; le chemin fait pourra s'estimer par $d - d'$; mais le chemin total à parcourir était d au moment où A et B étaient a et b ; par conséquent, autant de fois $d - d'$ sera contenu dans d, autant de fois faudra-t-il ajouter à m la différence $m - n$ pour avoir la vraie valeur de l'inconnue, si du moins la loi de proportionnalité gouverne la marche du phénomène étudié.

Cette vraie valeur de l'inconnue serait exprimée par

$$m + (m - n)\,\frac{d}{d - d'}.$$

Lorsque la valeur ainsi trouvée pour x satisfera exactement aux conditions de la question, elle sera la bonne; la loi de proportionnalité se sera trouvée convenir au phénomène étudié ; dans le cas contraire , en répétant l'usage du même artifice , on approcherait en général de plus en plus de la vraie valeur de l'inconnue.

148. *Exemple.* Un père a 43 ans, son fils en a 13, on demande dans combien de temps l'âge du père ne sera plus que le double de celui de son fils.

Nous prendrons d'abord, par exemple, le terme de 2 ans : dans 2 ans le père aura 45 ans, et le double de l'âge du fils sera 30 ans. Ces deux choses, qui devraient être égales d'après l'énoncé, différeront encore de 15 ans.

Supposons maintenant le terme de 3 ans : dans 3 ans le père aura 46 ans, le double de l'âge du fils sera devenu 32 ans. Ces deux choses ne différeront plus que de 14 ans ; on aura donc marché vers l'égalité, et le chemin fait sera estimé par 1 an. Au premier nombre essayé, $x = 2^{ans}$, il faudra donc ajouter autant de fois la différence $3^{ans}, - 2^{ans}$, des deux nombres essayés, que 1 an, la quantité dont se sont rapprochées les deux choses qui doivent être égales, est contenu de fois dans la différence primitive 15 ans, c'est-à-dire qu'au premier nombre essayé, 2 ans, il faudra ajouter 15 ans, pour avoir l'inconnue, 17 ans, qui satisfait exactement aux conditions de la question.

149. *Deuxième exemple.* Supposons qu'on demande à quelle heure après midi les deux aiguilles d'une montre doivent se rencontrer pour la première fois.

Prenons pour premier terme 80 minutes ; pendant ce temps la petite aiguille aura parcouru $\dfrac{80}{12}$ de divisions, et la grande, après avoir fait un tour entier, aura en outre fait 20 divisions. Comme 20 surpasse $\dfrac{80}{12}$, $x = 80'$ ne sera pas la solution. La différence des deux choses qui devraient être égales sera $20 - \dfrac{80}{12}$, ou $\dfrac{240 - 80}{12}$, ou $\dfrac{160}{12}$;

Prenons maintenant pour second terme 79 minutes ; la petite aiguille aura parcouru pendant ce temps $\dfrac{79}{12}$ de divisions, et la grande, 19 après son premier tour. La distance ne sera plus que de $19 - \dfrac{79}{12}$, ou $\dfrac{228 - 79}{12}$, ou $\dfrac{149}{12}$. Cette distance aura donc diminué de $\dfrac{11}{12}$. Par conséquent, pour avoir la valeur de l'inconnue, il faudra de $80'$ retrancher autant de fois $1'$ que $\dfrac{11}{12}$ est contenu de fois dans $\dfrac{160}{12}$, c'est-à-dire $\dfrac{160'}{11}$, ou $13'$, $\dfrac{6}{11}$. On trouvera ainsi

$$65', \dfrac{5}{11} \ \text{ou} \ 1^{\text{h}}, 5', \dfrac{5}{11}.$$

150. Si la question comportait plusieurs inconnues, elle leur imposerait un pareil nombre de conditions ; mais la méthode, d'ailleurs, resterait la même.

En supposant, par exemple, qu'on eût deux conditions pour déterminer deux inconnues x et y, on attribuerait à l'une d'elles, x, une valeur a ; chacune des conditions, prise séparément, déterminerait l'autre inconnue, y : directement si cette condition était assez simple, par la méthode précédente dans le cas contraire ; si les deux valeurs ainsi trouvées pour y étaient égales, on serait justement tombé sur la solution même de la question ; mais en général elles seront différentes, b et b' ; on attribuera donc une autre valeur à x, $a + h$, et on déterminera les valeurs correspondantes qu'imposeraient séparément à y les deux conditions de la question : ce seront, par exemple, $b + k$ et $b' + k'$; la différence entre $b + k$ et $b' + k'$ se trouvera habituellement plus grande ou plus petite que la différence entre b et b' : on se sera donc éloigné ou rapproché de la vraie solution ; quoi qu'il en soit, une proportion fournira l'intervalle qu'il faudrait faire parcourir à x, à partir de a ou de $a + h$ pour que les deux valeurs de y se rapprochassent jusqu'à la coïncidence.

Proposons-nous, par exemple, de trouver deux nombres, x et y, dont la somme soit 25 et la différence 7 ; si on donne à x la valeur 3, la première condition donnera pour y la valeur 22, et la seconde 10 ; si on fait ensuite $x = 4$, les valeurs correspondantes de y seront 21 et 11 ; les valeurs de y, qui différaient d'abord de 12, ne différeront donc plus que de 10, on se sera donc rapproché de la solution ; pour un intervalle égal à 1 franchi par x, les valeurs de y auront marché l'une vers l'autre d'un espace marqué par 2 : le chemin qu'elles avaient à faire était d'abord représenté par 12 ; en supposant donc la loi de proportionnalité applicable à la question, on en conclura, qu'au lieu de faire croître x de 1, on eût dû, à partir de 3, le faire croître de 6.

Ainsi, la vraie valeur de x serait 9, et celle de y, que donnera d'ailleurs l'une ou l'autre des deux conditions, serait 16.

EXERCICES.

I. On songe à un nombre ; en multipliant ce nombre par 7, ajoutant 3 au produit, divisant la somme par 2, et retranchant 4 du quotient, on obtient 15. Quel est le nombre auquel on pensait ?

II. Deux mobiles partent du même point et suivent la même direction ; le second part n secondes après le premier : sa vitesse est à celle du premier dans le rapport de q à p. Au bout de combien de secondes se rencontreront-ils ?

10

RÈGLE D'INTÉRÊT.

151. Les hypothèses qui font lois en matière d'intérêt, et qui fourniront les conditions des questions qu'il comporte, sont les suivantes :

On suppose que le service consistant dans le prêt d'une somme d'argent doit être rénuméré, le prix de ce service est l'intérêt de l'argent prêté ; on regarde l'intérêt comme devant être proportionnel à la fois au capital et au temps pendant lequel il est prêté. L'intérêt convenu de 100 francs pendant un an est le taux, il détermine l'intérêt de toute autre somme pendant tout autre temps.

Si A est le capital prêté, t le temps compté en années, i le taux d'intérêt, I l'intérêt cherché,

$$I = \frac{A i t}{100}.$$

En effet, 100 francs placés pendant un an rapportant i, pendant t années ils rapporteraient it, 1 franc ne rapporterait que $\frac{it}{100}$, A francs rapporteront donc $\frac{A i t}{100}$ francs.

L'égalité $I = \frac{A i t}{100}$, résolue successivement par rapport à chacune des inconnues qu'elle renferme, donnerait la solution d'autant de questions sur lesquelles il est inutile d'insister.

RÈGLE D'ESCOMPTE.

152. Lorsqu'un compte réglé se solde par une créance recouvrable à une époque future, si le débiteur veut se libérer de suite, il se prévaut à son tour des lois énoncées plus haut, il retient une partie de la somme qu'il ne devrait payer que plus tard.

L'usage du commerce est de retenir l'intérêt intégral de cette somme pendant le temps qui doit se passer avant que la créance ne soit exigible ; cet intérêt dépasse ce à quoi le débiteur a droit ; on le nomme escompte commercial ou escompte *en dehors* : il ne donne lieu qu'à une règle d'intérêt simple.

L'escompte *en dedans* se règle par la condition que la somme versée, augmentée des intérêts qu'elle est supposée devoir rapporter, pendant le temps qui reste à courir, fasse le total de la créance à l'époque où elle serait exigible.

La règle d'escompte en dedans n'est pas une règle de trois, parce que l'escompte n'est pas proportionnel au temps ; mais on tourne la difficulté en formant directement un exemple où le temps soit le même que dans la question proposée.

Ainsi, s'il s'agit d'escompter une créance de A francs, payable dans un temps t, i étant le taux d'intérêt, on formera directement un exemple d'escompte comparable à celui qu'on propose de faire, en remarquant que, puisque 100 francs au bout de t années deviendraient $100 + it$, réciproquement, $100 + it$ francs payables dans t années se solderaient actuellement par 100 fr. ; mais, à intervalles égaux de temps, les valeurs futures et actuelles de deux créances sont proportionnelles, la question ne sera donc plus que d'une règle de trois :

Puisque $100 + it$ payables dans t années se solderaient actuellement par 100 francs,

1 franc payable dans t années se soldera par $\dfrac{100}{100 + it}$ francs,

et A francs. . . . . se solderont par $\dfrac{100A}{100 + it}$ francs.

EXERCICES.

I. Une personne qui a 100000 francs en place une partie à 4 1/2, et l'autre à 6 pour 100 ; elle en tire un revenu de 5460 francs. Quelles sont les deux sommes qu'elle place à 4 1/2 et à 6 ?

II. Que coûtent 3150 francs de rentes 4 1/2 pour 100, au cours de 96,30 ?

III. A quel cours 2400 francs de rentes 3 pour 100 coûtent-ils 28350 francs ?

IV. A quelle époque était payable un billet de 1353 francs qu'on retire moyennant 1288 francs, le taux étant de 6 pour 100, et l'escompte ayant été fait en dedans ?

RÈGLES D'ALLIAGE ET DE MÉLANGE.

153. On nomme titre d'un lingot le rapport du poids du métal précieux qu'il contient à son poids total. Ainsi, si l'on dit que le titre d'un lingot d'or est 0,83, cela signifiera que, dans 100 parties du lingot il entre 83 parties d'or, ou que 100 grammes de ce lingot contiennent 83 grammes d'or.

Les questions qu'on peut avoir à se proposer sur les alliages et les mélanges sont de deux sortes : ou bien on demandera le résultat d'un mélange effectué dans des conditions définies, ou bien on cherchera les conditions dans lesquelles on devrait faire un certain mélange pour arriver à un résultat défini.

Il suffira de quelques exemples pour donner une idée claire de la méthode uniforme qu'on emploie pour résoudre toutes les questions de ce genre.

154. *On a mêlé 50 litres d'un vin à* $0^f,45$ *le litre avec 270 litres d'un autre vin à* $1^f,20$ *le litre. Quel est le prix d'un litre du mélange?*

Les 50 litres du premier vin valent $0^f,45 \times 50$, ou $22^f,50$, les 270 litres du second valent $1^f,20 \times 270$, ou 324 francs, les 320 litres du mélange valent donc $324^f + 22^f,50$, ou $346^f,50$; un litre de ce mélange vaut donc $\dfrac{346^f,50}{320}$, ou $1^f,08$ à un centième près.

155. *Dans quelle proportion faut-il mélanger du vin à* $0^f,60$ *avec du vin à* $1^f,30$ *pour avoir du vin à* 1^f?

Chaque litre de vin à $0^f,60$ se vend dans le mélange à $0^f,40$ de bénéfice, tandis que chaque litre de vin à $1^f,30$ se vend à $0^f,30$ de perte. Pour établir la balance, il faut que l'on gagne autant sur l'un des vins qu'on perdra sur l'autre : x et y étant les nombres de litres des deux espèces de vin que l'on doit mélanger ensemble, il faut donc que $x \times 40$ donne le même produit que $y \times 30$, ou que

$$\frac{x}{y} = \frac{30}{40} = \frac{3}{4}.$$

156. *On fond ensemble trois lingots d'or aux titres 0,83, 0,75, 0,49, et qui pèsent respectivement 15 grammes, 28 grammes, 33 grammes. Quel sera le titre du mélange?*

Dans chaque gramme du premier lingot il entre $0^{gr},83$ d'or : dans les 15 grammes de ce lingot, il entre donc $0,83 \times 15$, ou $12^{gr},45$ d'or. On trouverait de même que le second lingot en contient 21^{gr}, et le troisième, $16^{gr},17$. Le mélange contiendra donc $12,45 + 21 + 16,17$ ou $49,62$ grammes d'or, et pèsera $15 + 28 + 33$ ou 76 grammes : le titre en sera donc $\dfrac{49,62}{76}$ ou $0,65$, à un centième près.

157. On a deux lingots d'or aux titres 0,77 et 0,95, et l'on veut en former un autre pesant 12 grammes au titre 0,82 (intermédiaire à 0,77 et 0,95). On demande quels poids il faudra mélanger des deux lingots dont on dispose.

On observera pour cela que, les parts une fois faites, arbitrairement d'abord, si l'on remplaçait ensuite un gramme du premier lingot par un gramme du second, la quantité d'or dans le mélange augmenterait de $0^{gr},95 - 0^{gr},77$, c'est-à-dire de $0^{gr},18$, et le titre, en même temps, augmenterait de $\dfrac{0^{gr},18}{12^{gr}}$, ou $\dfrac{0,03}{2}$, ou $0,015$.

Ainsi, si l'on prenait d'abord les 12 grammes dans le premier lingot, le titre serait alors 0,77 ; mais il augmenterait ensuite de 0,015 à chaque substitution d'un gramme du second lingot à un gramme du premier. Or, il s'agit de l'amener à être 0,81, c'est-à-dire de le faire monter de $0,81 - 0,77$ ou $0,04$. Autant donc 0,015 sera contenu de fois dans 0,04, autant, évidemment, il faudra remplacer de grammes du premier lingot par des grammes du second :

$$\frac{0,04}{0,015} \text{ ou } \frac{40}{15} \text{ donne } 2,666\ldots$$

Il faudra donc prendre à peu près $2^{gr},666$ du second lingot, et, par suite, $9^{gr},334$ du premier.

EXERCICES.

I. On a trois lingots d'or aux titres : 0,25, 0,67, 0,83; on veut former un lingot pesant 40 grammes, dont le titre soit 0,77, et, comme le premier lingot ne pèse que 2 grammes, on veut l'employer en totalité ; on demande ce qu'on devra prendre en poids de chacun des deux derniers lingots.

II. On a trois lingots d'or aux titres 0,48, 0,69, 0,95 ; on veut former un troisième lingot pesant 50 grammes au titre 0,73, et, comme le premier lingot est trop mélangé, on veut en employer deux fois plus en poids que du second ; on demande ce qu'on devra prendre en poids de chacun des trois lingots.

PARTAGES PROPORTIONNELS.

158. Des grandeurs a, b, c, d..... sont proportionnelles à d'autres grandeurs a', b', c', d'....., lorsque les rapports

$$\frac{a}{a'}, \frac{b}{b'}, \frac{c}{c'}, \frac{d}{d}, \text{etc.},$$

sont tous égaux.

Partager une grandeur M en parties proportionnelles à des grandeurs p, q, r, s..., c'est la partager en parties x, y, z, u..., telles que

$$\frac{x}{p} = \frac{y}{q} = \frac{z}{r} = \frac{u}{s}.....$$

Or, les parts étant supposées faites, chacun des rapports $\frac{x}{p}$, $\frac{y}{q}$, etc., devrait être aussi égal au rapport $\frac{x+y+z+u+...}{p+q+r+s+...}$, ou à $\frac{M}{p+q+r+s+...}$; on a donc, pour déterminer chaque inconnue, une proportion qui ne contienne qu'elle.

$$\frac{x}{p} = \frac{M}{p+q+r+s+...}, \quad \frac{y}{q} = \frac{M}{p+q+r+s+...}, \quad \frac{z}{r} = \frac{M}{p+q+r+s+...}$$

$$\frac{u}{v} = \frac{M}{v+q+r+s+...}$$

On en tire :

$$x=\mathrm{M}\frac{p}{p+q+r+s+\dots},\ y=\mathrm{M}\frac{q}{p+q+r+s+\dots},$$

$$z=\mathrm{M}\frac{r}{p+q+r+s+\dots};\ u=\mathrm{M}\frac{s}{p+q+r+s+\dots}$$

RÈGLE DE SOCIÉTÉ.

159. La règle de société a pour objet la répartition d'un gain ou d'une perte entre des associés.

La part de chaque associé est regardée comme devant être proportionnelle à l'importance de sa mise de fonds et au temps pendant lequel il est resté dans l'entreprise.

Le gain ou la perte doivent en conséquence être répartis proportionnellement aux produits des mises des différents associés par les temps pendant lesquels ils sont restés dans l'entreprise.

Il ne s'agit donc que du partage d'une somme connue en parties proportionnelles à des nombres donnés.

EXERCICES :

I. Trois associés font un bénéfice de 11985 fr. 60, le premier en reçoit pour sa part 3958 fr. 80, et le second 3995 fr. 20 ; la somme des mises est 48000 francs. Quelle est la mise de chacun ?

II. Trois ouvriers ont travaillé à un même ouvrage, le premier pendant 5 jours, le second pendant 8 jours, le troisième pendant 12 jours ; ils reçoivent 90 francs. Quelle sera la part de chacun ?

TROISIÈME PARTIE.

DES INCOMMENSURABLES.

CHAPITRE XIV.

De la continuité. — Des expressions fractionnaires.

160. La notion de continuité ne suppose pas la connaissance
de la loi qui régit la grandeur continue dont il est question ; au
contraire, on ne cherche à exprimer la dépendance d'une grandeur envers d'autres, que lorsqu'un examen préalable des conditions dans lesquelles elle en est formée a déjà permis de reconnaître, en quelque sorte physiquement, qu'elle varierait d'une
manière continue, si les grandeurs dont elle dépend variaient
elles-mêmes d'une manière continue. Les idées de discontinuité
et de loi seraient inconciliables.

Ce n'est qu'après avoir conçu la loi du phénomène soumis à
notre étude que nous cherchons à l'exprimer ; nous avons pour
cela recours à la représentation sous forme numérique, effective
ou supposée, des grandeurs, causes et effets, qu'elle est destinée à
relier ; mais la loi une fois formulée en langage algébrique,
pourquoi nous demanderions-nous si chacune des grandeurs
qu'elle lie varierait d'une manière continue lorsque celles dont
elle dépend varieraient elles-mêmes d'une manière continue ?

La représentation des grandeurs par des nombres n'est constamment possible que sous la condition de discontinuité. On
aurait donc eu la continuité sous les yeux, on aurait mis la dis-

continuité dans les mots, et on se proposerait ensuite de la retrouver dans le fonds; ce serait puéril.

On a une idée de la somme ou de la différence de deux grandeurs de même espèce avant de leur avoir fait subir la représentation sous forme numérique, et il ne pourrait venir à l'esprit de
qui que ce fût de demander si la somme ou la différence variable de deux variables continues est elle-même continue.

Toutes les relations plus compliquées ont été *vues dans les
faits* avant d'avoir été *traduites dans la langue des nombres*.

On n'a pas découvert la loi de proportionnalité des éléments
homogènes des figures semblables dans la formule des proportions entre nombres; on a imparfaitement traduit la notion concrète de l'égalité de deux rapports dans une formule algébrique
où cette égalité ne peut, que dans un cas tout exceptionnel, être
notée assez exactement pour que la vérification arithmétique en
soit possible.

On concevait la variabilité continue des éléments de deux
figures assujetties à la condition de similitude, avant d'avoir
cherché à calculer l'un de ces éléments au moyen d'un autre de
la même figure et de leurs homologues dans l'autre : pourquoi
donc, se demanderait-on, si les trois premiers termes d'une proposition variant d'une manière continue, le quatrième varierait
aussi d'une manière continue?

Nous regarderons comme évident qu'un produit croît ou diminue continuement avec chacun de ses facteurs, et qu'un quotient
varie continuement avec le dividende, dans le même sens que lui,
et avec le diviseur, en sens contraire.

Nous admettrons, par conséquent, que si les deux facteurs
d'un produit ne peuvent être représentés sous forme numérique d'une manière exacte, le produit vrai sera compris entre
ceux qu'on obtiendrait de la multiplication de nombres d'abord
moindres et ensuite plus grands que les facteurs vrais; et que, si
le dividende et le diviseur d'une division, de même, ne peuvent
être représentés sous forme numérique d'une manière exacte, le
quotient vrai sera compris entre ceux qu'on obtiendrait de la division de nombres, l'un d'abord plus petit et ensuite plus grand

que le dividende vrai, et l'autre d'abord plus grand et ensuite plus petit que le diviseur vrai.

Nous regarderons donc comme assujettie à varier continuement avec celles dont elle dépend, toute grandeur qui pourrait en être exprimée au moyen d'une formule quelconque renfermant l'indication des quatre opérations fondamentales.

Par suite, si des grandeurs incommensurables entre elles doivent entrer dans un calcul, nous admettrons qu'en en prenant des mesures numériques suffisamment approchées, on pourrait approcher autant qu'on le voudrait du résultat.

Il est clair, d'ailleurs, que toutes les transformations de calcul indiquées dans les principes relatifs aux quatre opérations fondamentales, et qui sont justifiées lorsqu'elles portent sur des données numériques commensurables, étant permises dans les calculs à faire sur les mesures approchées des grandeurs incommensurables dont il sera question, elles pourront aussi bien être effectuées dans la formule de l'inconnue, avant même que les données n'aient été à peu près représentées par les nombres qui devront les mesurer.

161. *Calcul des expressions fractionnaires.* Nous avons eu déjà, et nous aurons plus souvent encore à considérer des expressions de la forme $\dfrac{A}{B}$, dans lesquelles A et B désigneraient les mesures de grandeurs quelconques même incommensurables avec leurs unités.

Ces expressions ne représentent pas des fractions ordinaires ; cependant le calcul en est soumis aux mêmes règles : nous allons le vérifier par des démonstrations directes.

$\dfrac{A}{B}$ désigne le quotient de A par B ; ce quotient s'exprime au moyen du rapport de A à B, et comme le rapport entre deux grandeurs ne change pas quand on les multiplie ou divise par un même nombre, il en résulte qu'on peut multiplier ou diviser par un même nombre les deux termes d'une expression fractionnaire, sans altérer la valeur de cette expression. Cela étant, on réduira deux expressions fractionnaires au même diviseur, comme on réduit deux fractions ordinaires au même dénominateur.

Les expressions $\dfrac{A}{B}$ et $\dfrac{C}{D}$, réduites au même diviseur, deviendront $\dfrac{A \times D}{B \times D}$ et $\dfrac{B \times C}{B \times D}$.

Comme, pour diviser une somme ou une différence, on peut en diviser les parties et ajouter ou retrancher les quotients obtenus, il en résulte :

$$\frac{A}{B} \pm \frac{C}{D} = \frac{AD}{BD} \pm \frac{BC}{BD} = \frac{AD \pm BC}{BD}.$$

Ainsi les additions et soustraction d'expressions fractionnaires se feront comme les additions et soustractions de fractions ordinaires.

Passons à la multiplication : soit $\dfrac{A}{B}$ à multiplier par $\dfrac{C}{D}$, posons : $\dfrac{A}{B} = q$, et $\dfrac{C}{D} = q'$, il en résultera $A = B.q$ et $C = D.q'$, d'où $A.C = B.q \times D.q' = (B.D)(qq')$, d'où

$$\frac{AC}{BD} = qq' \, ;$$

c'est-à-dire que le produit des valeurs q et q' des deux expressions s'obtiendra en multipliant les dividendes entre eux et les diviseurs entre eux.

Enfin, soit à diviser $\dfrac{A}{B}$ par $\dfrac{C}{D}$.

Comme un quotient s'exprime par le rapport du dividende au diviseur, nous réduirons les deux expressions proposées au même diviseur; elles deviendront $\dfrac{AD}{BD}$ et $\dfrac{BC}{BD}$, et le quotient en sera $\dfrac{AD}{BC}$, qui n'est autre chose que le produit de l'expression dividende par l'expression diviseur renversée.

CHAPITRE XV.

Théorie des approximations.

162. Avant d'appliquer le calcul à la recherche de la valeur numérique de l'inconnue d'une question quelconque, soit de pratique, soit de théorie, il faut toujours réduire en nombres les données elles-mêmes de cette question. On y parvient, dans le premier cas, par des mesures directes; dans le second, les valeurs numériques des données résultent elles-mêmes de calculs antérieurs.

Mais, en aucun cas, les données numériques d'un calcul ne représentent jamais qu'à peu près les données concrètes de la question qu'on voulait résoudre, soit que ces données, fournies en nature, n'aient pu être mesurées d'une manière parfaitement exacte, soit que, définies théoriquement, elles se soient trouvées incommensurables entre elles, de façon qu'en en prenant une de chaque espèce pour unité, il s'en soit trouvé quelques-unes des autres que l'on n'ait pu exprimer que par approximation.

Nous avons donné des règles pour obtenir exactement la mesure d'une inconnue représentée par une formule ne contenant que les indications des quatre opérations d'additions, de soustractions, de multiplications et de divisions à effectuer sur des données numériques supposées rigoureusement proportionnelles aux données concrètes de la question.

Mais, dès que les nombres sur lesquels on opère ne sont plus qu'à peu près ce qu'ils devraient être, nos calculs ne nous donnent plus l'inconnue que par approximation.

Or, il est de la plus haute importance, évidemment, d'établir des rapports certains entre les erreurs qui auront pu être commises dans l'évaluation des données et celle qui en résultera forcément dans l'évaluation de l'inconnue.

La connaissance de ces rapports permettra, en effet, soit de
fixer à l'avance le degré d'approximation, sur lequel on pourra
compter dans la mesure de l'inconnue, afin de ne la rechercher
qu'avec cette approximation et d'éviter ainsi des calculs qui n'auraient pas de but, soit, inversement, de fixer le degré d'approximation avec lequel il faudrait ou prendre ou calculer les
mesures des données pour pouvoir ensuite obtenir l'inconnue à
une approximation désignée.

163. Tous les calculs indiqués dans une même formule le sont
toujours dans un ordre à peu près invariable, ou auquel, du
moins, on s'est arrêté; chacun d'eux fournit les données du suivant, et les premières erreurs commises se perpétuent, en s'aggravant de nouvelles, à mesure que toutes les données entrent
successivement pour leur part dans le résultat; mais, dès qu'on
saura évaluer l'erreur dont doit se trouver entachée une somme,
une différence, un produit ou un quotient de deux nombres
donnés avec une approximation connue, on n'aura évidemment
qu'à appliquer de proche en proche, à chacune des opérations indiquées dans la formule, les règles qui auront été trouvées pour
les quatre opérations fondamentales.

La théorie proprement dite des approximations se réduirait
donc à l'examen successif des quatre questions principales qu'on
vient d'indiquer; mais elle sera utilement complétée par une révision des procédés de calcul, qui permette d'y découvrir toutes
les simplifications devenues possibles, dès que ces calculs ne
doivent plus fournir qu'un résultat seulement approché jusqu'à
un certain degré.

164. On peut proposer la théorie des approximations de deux
manières différents, en spéculant sur les erreurs *absolues* ou *relatives* (1), soit des données, soit de l'inconnue.

____

(1) M. Choquet a imaginé le premier de substituer la considération

On nomme *erreur absolue* d'un nombre la différence entre ce nombre tel qu'on l'emploie et ce qu'il devrait être ; cette erreur est par *excès* ou par *défaut*, selon que le nombre *approché* est plus grand ou plus petit que le nombre vrai.

L'*erreur relative* est le rapport de l'erreur absolue au nombre vrai ; elle peut aussi être par excès ou par défaut.

La théorie convient également aux nombres fractionnaires ou décimaux ; mais la forme décimale étant bien plus fréquemment employée que la forme fractionnaire, nous ne proposerons nos exemples qu'en nombres décimaux.

L'erreur absolue d'un nombre décimal, dont tous les chiffres écrits sont supposés exacts, est moindre qu'une unité décimale de l'ordre du dernier chiffre, puisque tous ceux qui pourraient suivre et qui sont inconnus, fussent-ils des 9, ne vaudraient encore que cette unité. Ainsi, le nombre $34{,}56783\ldots$, connu jusqu'à la cinquième décimale, est en erreur par défaut de moins de un cent millième.

L'erreur relative d'un nombre décimal est indépendante de la place qu'y occupe la virgule : elle ne dépend que des chiffres exacts qui sont donnés, et principalement du nombre de ces chiffres. Ainsi, l'erreur relative du nombre $227{,}343\ldots$, connu jusqu'à la troisième décimale, est à peu près $\dfrac{0{,}001}{227{,}343}$, ou $\dfrac{1}{227343}$, et celle du nombre $0{,}0227343\ldots$, composé des mêmes chiffres, mais connu jusqu'à la septième décimale, serait la même, $\dfrac{0{,}0000001}{0{,}0227343}$, ou $\dfrac{1}{227343}$.

On ne conserve généralement pas la forme de fraction ordinaire à l'erreur relative d'un nombre décimal ; on préfère lui donner la forme décimale.

---

simple des erreurs relatives à celle beaucoup plus ardue des erreurs absolues.

On verra dans ce qui va suivre, quels services immenses a rendu cette ingénieuse invention.

L'erreur relative d'un nombre d'un seul chiffre est moindre que 1 et supérieure à $\frac{1}{10}$; celle d'un nombre de deux chiffres est moindre que $\frac{1}{10}$ et supérieure à $\frac{1}{100}$, etc.

En général, l'erreur relative d'un nombre dont on donne n chiffres est moindre que $\frac{1}{10^{n-1}}$ et supérieure à $\frac{1}{10^n}$; on se sert de l'une ou de l'autre de ces deux limites décimales de l'erreur relative, au lieu de la fraction ordinaire qui l'exprimerait plus exactement, suivant que les conditions dans lesquelles on raisonne exigent, pour la justesse des conclusions, une évaluation par excès ou par défaut de cette erreur.

ADDITION ET SOUSTRACTION.

165. Si deux nombres sont approchés tous deux par excès ou tous deux par défaut, les erreurs s'ajoutent dans leur somme et se retranchent dans leur différence; s'ils sont approchés l'un par excès et l'autre par défaut, les erreurs, au contraire, se retranchent dans leur somme et s'ajoutent dans leur différence.

En tout cas, l'erreur qui affecte la somme ou la différence de deux nombres approchés est de l'ordre de la plus grande des deux, mais n'en égale pas le double.

En conséquence, si deux nombres n'ont pas le même nombre de chiffres décimaux, on ne devra jamais calculer, de leur somme ou de leur différence, plus de chiffres décimaux que n'en contiendra celui des deux qui en aura le moins, et encore le dernier de ces chiffres sera-t-il généralement douteux : dans le cas où on le supprimerait, s'il était plus grand que 5, il conviendrait d'augmenter le précédent d'une unité pour diminuer l'erreur commise; on ne saurait plus alors, il est vrai, si la somme est approchée par excès ou par défaut; mais cela n'a jamais d'importance.

Si l'on avait à faire un grand nombre d'additions et de soustractions successives, on laisserait d'abord au résultat autant de chiffres décimaux qu'en aurait celui des nombres proposés qui en contiendrait le moins; mais le dernier des chiffres calculés serait toujours douteux, l'avant-dernier le deviendrait dès que les nombres donnés seraient en plus grand nombre que 10, les trois derniers le seraient si les nombres donnés étaient en plus grand nombre que 100, etc. En supprimant les chiffres douteux, il conviendrait d'augmenter d'une unité le dernier chiffre conservé au résultat, si le calcul avait donné pour le suivant 5 ou plus de 5.

166. Réciproquement, pour pouvoir ensuite obtenir, avec une approximation décimale désignée, $\dfrac{1}{10^n}$, le résultat définitif de tant d'additions ou soustractions qu'on voudra, il faudrait préalablement calculer toutes les parties additives ou soustractives à $\dfrac{1}{10^{n+1}}$, si elles étaient en moindre nombre que 10, à $\dfrac{1}{10^{n+2}}$, s'il y en avait plus de 10 et moins de 100, etc.

ADDITION ET SOUSTRACTION ABRÉGÉES.

167. La seule simplification qu'on puisse apporter au calcul du résultat définitif d'additions et soustractions consiste seulement dans la suppression préalable des chiffres décimaux qui dépassent l'ordre du dernier chiffre de celui des nombres proposés qui en a le moins.

MULTIPLICATION.

168. On ne sait généralement pas dans quel sens sont approchés les nombres sur lesquels on opère, surtout lorsqu'ils proviennent eux-mêmes d'opérations antérieures approximatives et abrégées; on doit donc toujours supposer les circonstances les plus défavorables, et appliquer dans tous les cas les règles qui y conviennent.

Pour ce qui regarde la multiplication, nous supposerons donc les deux facteurs approchés dans le même sens, par défaut ou par

11

excès, et nous aurons à exprimer dans l'une ou l'autre hypothèse l'erreur du produit au moyen des facteurs donnés et des erreurs qui les entacheraient.

Soient A et B les deux facteurs donnés, α et β les erreurs commises dans l'évaluation qui en a été faite, erreurs que nous supposerons d'abord par défaut, les facteurs vrais seront $(A + \alpha)$ et $(B + \beta)$, de sorte que le produit approché étant

$$A \cdot B,$$

le produit vrai serait

$$(A + \alpha) \times (B + \beta),$$

ou

$$A \cdot B + A \cdot \beta + \alpha \cdot B + \alpha \cdot \beta.$$

la différence est

$$A\beta + \alpha B + \alpha\beta \, ;$$

l'erreur, par défaut, du produit, serait donc dans ce cas :

$$A\beta + \alpha B + \alpha\beta \, ;$$

supposons en second lieu que les facteurs donnés A et B soient approchés par excès, et soient toujours α et β les erreurs qui les entachent, $(A - \alpha)$ et $(B - \beta)$ seront donc les facteurs vrais, de sorte que le produit approché étant

$$A \, B,$$

le produit vrai serait

$$(A - \alpha) \times (B - \beta)$$

ou

$$AB - \alpha B - A\beta + \alpha\beta \, ;$$

le produit approché l'emporterait donc sur le produit vrai de $\alpha B + A\beta - \alpha\beta$; ainsi l'erreur par excès du produit serait dans ce cas :

$$A\beta + \alpha B - \alpha\beta.$$

Les erreurs α et β sont habituellement assez petites par rapport aux facteurs eux-mêmes A et B; $\alpha\beta$ est donc généralement négligeable devant $A\beta + \alpha B$, d'autant qu'en évaluant les erreurs approximativement on les grossit toujours; on peut donc dire que, dans un cas comme dans l'autre, l'erreur d'un produit (on ne connaît pas habituellement le sens dans lequel elle est commise) est la somme des produits de ses deux facteurs multipliés chacun par l'erreur de l'autre.

J'engage le lecteur à examiner le dernier cas, où l'un des facteurs serait par excès et l'autre par défaut; il trouvera que la même formule peut encore, à plus forte raison, dans ce cas, représenter l'erreur du produit.

169. Cette règle est facile à appliquer : si on avait à faire le produit des nombres 257,34.... et 29,34178923.... approchés l'un à un centième, l'autre à un cent millionième, le produit pourrait être en erreur de

$$257,34 \times 0,00000001 + 29,34178923 \times 0,01;$$

c'est-à-dire de

$$0,0000025734 + 0,2934178923,$$

ou à peu près 0,3; on ne pourrait donc compter au produit sur l'exactitude du chiffre des dixièmes.

170. La considération des erreurs relatives conduit aux mêmes résultats présentés sous une forme différente, mais souvent préférable. Elle fournit d'abord ce théorème :

L'erreur relative d'un produit est sensiblement égale à la somme ou à la différence des erreurs relatives des deux facteurs, suivant qu'ils sont approchés dans le même sens ou en sens contraires; mais nous supposerons le cas où ils seraient approchés en même sens, par exemple, par excès; la formule à laquelle nous arriverons conviendrait également au cas où ils seraient tous deux approchés par défaut.

Soient A et B les deux facteurs vrais d'un produit, α et β les erreurs, par excès, commises dans leur évaluation,

$$A + \alpha \text{ et } B + \beta$$

seront donc les facteurs approchés,

$$AB + A\beta + \alpha B + \alpha\beta$$

sera le produit approché,

$$A\beta + \alpha B + \alpha\beta$$

l'erreur commise, par excès, dans l'évaluation de ce produit, et enfin

$$\frac{A\beta + \alpha B + \alpha\beta}{AB} \text{ ou } \frac{\beta}{B} + \frac{\alpha}{A} + \frac{\alpha}{A} \times \frac{\beta}{B},$$

l'erreur relative du produit.

Mais $\dfrac{\alpha}{A}$ et $\dfrac{\beta}{B}$ seront d'ailleurs les erreurs relatives des deux facteurs ; on voit donc, $\dfrac{\alpha}{A} \times \dfrac{\beta}{B}$ étant négligeable devant $\dfrac{\alpha}{A} + \dfrac{\beta}{B},$ que l'erreur relative du produit pourra s'exprimer par la somme des erreurs relatives des deux facteurs.

J'engage le lecteur à examiner séparément les autres cas, en prenant indifféremment, pour données du calcul, les facteurs exacts ou approchés ; il trouvera que la même formule peut, à plus forte raison, représenter l'erreur relative du produit.

Je l'engage également à examiner aussi le cas d'un produit composé d'un nombre quelconque de facteurs approchés indifféremment les uns par excès, et les autres par défaut. — Il trouvera que l'erreur relative d'un pareil produit peut être représentée par la différence entre les sommes des erreurs relatives des facteurs approchés par excès et par défaut.

171. Cela étant, comme l'erreur relative d'un nombre dépend du nombre de chiffres exacts qu'on en connaît (quel que soit

d'ailleurs l'ordre décimal du premier ou du dernier de ces chiffres), si les deux facteurs d'un produit sont connus avec le même
nombre de figures, on voit qu'on pourra répondre de l'exactitude du même nombre moins un, seulement, des premiers chiffres du produit, et que s'ils sont donnés avec des nombres
différents de figures, on ne pourra garantir l'exactitude que
d'autant moins un des premiers chiffres du produit qu'en aura
celui des deux facteurs qui en contiendra le moins.

Dans le second cas, l'un des facteurs serait, par rapport à
l'autre, calculé avec une approximation trop grande et habituellement superflue; toutefois, lorsque cela arrivera, l'une des erreurs
relatives disparaissant devant l'autre comme trop petite, on pourra
modifier l'application du principe et regarder, comme exacts,
autant de chiffres du produit qu'en aura le facteur le moins
approché relativement.

En appliquant ces règles à l'exemple du produit de 257,34....
$\times$ 29,34178923...., on trouverait qu'il peut avoir ses 5 premiers
chiffres exacts; et comme ces chiffres en représenteraient évidemment la partie entière, il ne serait exact que jusqu'aux
dixièmes, ce qui est le résultat où nous étions parvenus par
l'autre méthode.

172. La question inverse de celle que nous venons de traiter
consiste à savoir avec quelle approximation on doit préalablement
évaluer les deux facteurs d'un produit qu'on veut ensuite obtenir
avec une approximation donnée; nous traiterons encore cette
question, successivement, par les deux méthodes.

Si A, B, représentent les facteurs approchés, et α, β, les erreurs
commises, il faudra, en supposant le cas le plus défavorable, que
$A\beta + \alpha B$ (nous négligeons $\alpha \cdot \beta$), soit moindre que l'erreur permise au produit, et il suffira pour cela que $A\beta$ et αB soient séparément moindres que la moitié de cette erreur; ces conditions
fourniront aisément des limites des deux erreurs α et β, dès qu'on
connaîtra seulement le premier chiffre de chacun des facteurs et
le rang décimal de ce chiffre.

Ainsi, supposons qu'on voulût avoir à 0,001 près le produit des nombres

$$3\ldots,\prime\ldots \quad \text{et} \quad 4\ldots,\ldots$$

commençant l'un par 3 dizaines de mille et l'autre par 4 cents, et cherchons le nombre de chiffres qu'il serait pour cela nécessaire de connaître encore de chacun d'eux.

Soient α et β les erreurs qu'on pourra commettre dans les évaluations respectives de ces deux nombres, il faudra que

$$\alpha \times 4\ldots,\ldots$$
$$\text{et } \beta \times 3\ldots,\ldots$$

soient moindres chacun que 0,0005.

Or, pour être assuré qu'il en soit ainsi, ne connaissant pas encore les chiffres qui devront suivre 4 et 3 dans les deux nombres proposés, il faudra assujettir α et β aux deux conditions que

$$\alpha \times 500 \quad \text{ni} \quad \beta \times 40000$$

ne dépassent 0,0005;

α devra donc être moindre que $\dfrac{5}{10000\times500}$ ou que $\dfrac{1}{1000000}$,

et β moindre que $\dfrac{5}{10000\times40000}$, ou $\dfrac{5}{400000000}$, ou $\dfrac{1}{1000000000}$,

pour exprimer l'approximation sous forme décimale.

Ainsi, pour pouvoir obtenir le produit cherché à moins de 0,001 près, il faudrait avant tout calculer le multiplicande 3…,…à 0,000001 près et le multiplicateur 4..,…à 0,000000001 près, c'est-à-dire qu'il faudrait obtenir les 11 premiers chiffres du multiplicande et les 12 premiers chiffres du multiplicateur.

173. La considération des erreurs relatives est préférable à plus d'un titre.

Chacun des facteurs du produit étant connu approximativement par son premier chiffre et le rang qu'il doit occuper par rapport à la virgule, on pourra en conclure le premier chiffre du produit et l'ordre décimal de ce chiffre, ou du moins en comprendre la valeur entre des limites assez resserrées ; l'erreur, qu'on peut commettre au produit, donnée sous forme absolue, fera donc connaître le nombre de chiffres qu'on doit calculer de ce produit : on en calculera un de plus à chacun des facteurs.

Ainsi, en reprenant le même exemple qui a déjà été traité par la première méthode :

Le produit des nombres

$$3\ldots,\ldots \quad \text{et} \quad 4\ldots,\ldots$$

étant compris entre

$$12\ldots\ldots,\ldots \quad \text{et} \quad 20\ldots\ldots,\ldots,$$

comme on veut l'avoir à moins de 0,001 d'erreur absolue, il s'agira en résumé d'en calculer 11 chiffres ; on en calculera donc 12 à chacun de ses facteurs.

174. Nous examinerons en terminant une question qui se reproduit à chaque instant, où l'inconnue étant exprimée par une formule contenant des nombres qu'on doit obtenir par des mesures directes, et d'autres, théoriquement définis, qu'on pourrait calculer à une approximation pour ainsi dire indéfinie, il s'agit de ne rien perdre, dans l'évaluation du résultat, des soins qu'on aura pu mettre à mesurer les données concrètes de la question.

Quelque bien faite que soit une longueur, même droite, les procédés de mesure les plus parfaits ne peuvent la faire connaître qu'à un dixième de millimètre près, et bien des circonstances se présenteront où une longueur droite ne pourra être connue qu'à un décimètre, qu'à un mètre, qu'à un kilomètre près, etc.; or, quelles que soient les erreurs commises dans les mesures prises directement, il conviendra toujours de s'obliger à ne pas ajouter à l'influence qu'elles exerceront sur le résultat, en commettant sans nécessité, dans l'évaluation de rapports qui peuvent être obtenus aussi exactement qu'on le veut, d'autres erreurs capables d'augmenter l'incertitude de ce résultat.

Un mot de réponse à cette question suffira :

D'après la théorie qui précède, si l'on a à faire un produit de

deux nombres, l'un fourni par une mesure directe, l'autre défini
théoriquement, il faudra toujours donner au second une figure
de plus qu'au premier.

MULTIPLICATION ABRÉGÉE.

175. D'après ce qui a été dit dans les deux numéros précédents, le produit de deux nombres entiers ou décimaux, approchés seulement à une unité de l'ordre du dernier chiffre écrit
dans chacun d'eux, s'il avait été obtenu conformément aux
règles des numéros **19** et **126**, pourrait contenir un grand
nombre de chiffres, de l'exactitude desquels on ne pourrait répondre; nous avons vu, en effet, que si l'on connaît le même
nombre des premiers chiffres des deux facteurs, on ne peut généralement répondre que de l'exactitude d'autant des premiers
chiffres moins un du produit, et que si les deux facteurs sont
donnés avec des nombres différents de figures, on ne peut généralement répondre que de l'exactitude d'autant des premiers
chiffres, moins un, du produit, qu'en contient celui des deux
facteurs donnés qui en a le moins.

Cependant, le produit, obtenu dans les conditions ordinaires,
pourrait contenir, dans le premier cas, deux fois plus de chiffres
que chacun des facteurs, et, dans le second, autant que dans les
deux à la fois; il y aurait donc au produit, dans le premier cas,
la moitié plus un de ces chiffres qui seraient douteux, et dans le
second, il y en aurait autant plus un qu'avait de figures celui des
deux facteurs qui en contenait le plus.

Or, tous ces chiffres douteux du produit devraient être suppri-
més s'ils avaient été obtenus : la méthode abrégée de multiplication consistera à en éviter le calcul; elle n'est d'ailleurs pas
employée seulement dans les cas dont nous venons de parler, il
arrive souvent que l'on n'ait pas besoin de connaître tous les
chiffres du produit, sur lesquels ne pourrait porter aucun doute ;
les simplifications auxquelles on parvient alors n'en sont que
plus considérables

Le but qu'on se propose étant ainsi connu, la règle à suivre pour y atteindre sera facile à trouver.

Si l'on veut avoir le produit de deux nombres avec une erreur moindre que $\dfrac{1}{10^n}$, il ne faudra évidemment commettre, dans l'évaluation de chacun des produits partiels du multiplicande par les différents chiffres du multiplicateur, qu'une erreur moindre que le quotient de $\dfrac{1}{10^n}$ par le nombre de ces chiffres, c'est-à-dire moindre que $\dfrac{1}{10^{n+1}}$, s'ils sont en nombre inférieur à 10, moindre que $\dfrac{1}{10^{n+2}}$, s'il y en a plus de 10 et moins de 100, etc.

Si, pour fixer les idées, nous supposons que le multiplicateur ait plus de 10 et moins de 100 chiffres, pour avoir le produit à moins de $\dfrac{1}{10^n}$, il faudra donc calculer chaque produit partiel à moins de $\dfrac{1}{10^{n+2}}$: or, chaque chiffre du multiplicateur valant par lui-même moins de 10, pour avoir à moins de $\dfrac{1}{10^{n+2}}$ le produit du multiplicande par un de ces chiffres, exprimant des unités décimales de la progression croissante ou de la progression décroissante, de l'ordre 10^p ou de l'ordre $\dfrac{1}{10^q}$, il suffira de ne commettre, au multiplicande, qu'une erreur inférieure à $\dfrac{1}{10^{n+2+p+1}}$ ou à $\dfrac{10^{q-1}}{10^{n+2}}$: c'est-à-dire que pour obtenir assez exactement les produits partiels du multiplicande par les chiffres des unités, des dixièmes, des centièmes, etc., du multiplicateur, il faudra pousser le multiplicande jusqu'aux unités de l'ordre $\dfrac{1}{10^{n+2+1}}$, $\dfrac{1}{10^{n+2}}$, $\dfrac{1}{10^{n+2-1}}$, etc., et que, pour avoir, avec le même degré d'exactitude, les produits partiels par les chiffres des dixaines, des centaines, des mille, du multiplicateur, il faudra pousser le multiplicande jusqu'aux unités de l'ordre $\dfrac{1}{10^{n+2+2}}$, $\dfrac{1}{10^{n+2+3}}$, $\dfrac{1}{10^{n+2+4}}$, etc.

Ainsi, en résumé, si le multiplicateur a plus de 10 et moins de 100 chiffres, dans le calcul du produit partiel du multiplicande par le chiffre des unités du multiplicateur, on pourra négliger au multiplicande tous les chiffres qui dépasseraient en petitesse l'ordre $\dfrac{1}{10^{n+3}}$; on en prendra un, deux, trois, etc., de moins ou de plus, lorsqu'on aura à faire les produits partiels par les chiffres des dixièmes, centièmes, millièmes, etc., ou des dizaines, centaines, mille, etc., du multiplicateur.

On pourra donc disposer l'opération de la manière suivante :

On écrira le multiplicande en entier ; on placera le chiffre des unités du multiplicateur au-dessous du chiffre de l'ordre $\dfrac{1}{10^{n+3}}$ du multiplicande, c'est-à-dire à trois rangs de distance au-dessous du chiffre du multiplicande, qui serait de l'ordre de l'erreur permise au produit, puis écrivant, par ordre, à droite de ce chiffre, ceux des dizaines, centaines, etc., du multiplicateur, et à gauche, les chiffres des dixièmes, centièmes, etc.; on formera les produits partiels du multiplicande par les chiffres du multiplicateur, en ne prenant chaque fois du multiplicande que la partie de gauche partant du chiffre écrit au-dessus du chiffre multiplicateur.

Le dernier chiffre à droite de chaque produit partiel sera de l'ordre $\dfrac{1}{10^{n+3}}$; on écrira donc tous ces produits de manière que leurs derniers chiffres se correspondent en colonne verticale, et on fera ensuite la somme.

176. Ainsi, soit à obtenir à moins de 0,001 le produit des nombres

$$35{,}4718942 \quad \text{et} \quad 42{,}3518347 ;$$

reprenons sur cet exemple l'exposition de la théorie :

Comme le multiplicateur n'a que 9 chiffres, il suffira que chaque produit partiel soit obtenu à moins de $\dfrac{1}{10000}$.

Pour avoir à cette approximation le produit partiel du multiplicande par le chiffre des unités du multiplicateur, il suffira que le multiplicande soit employé en erreur de moins de $\dfrac{1}{100000}$; on écrira donc le chiffre 2 des unités du multiplicateur au-dessous du chiffre 9 des cent millièmes du multiplicande, pour indiquer qu'il faudra multiplier seulement la partie 35,47189 de ce nombre par le chiffre des unités du multiplicateur.

Pour obtenir à la même approximation, $\dfrac{1}{10000}$, les produits partiels du multiplicande par les chiffres des dixièmes, centièmes, etc., du multiplicateur, il suffirait de prendre le multiplicande approché successivement à $\dfrac{1}{10000}$, $\dfrac{1}{1000}$, $\dfrac{1}{100}$, etc.; on placera donc ces chiffres respectivement au-dessous de ceux des dix millièmes, millièmes, centièmes, etc., du multiplicande, pour indiquer que la partie de gauche de ce multiplicande, qu'il faudra combiner avec chaque chiffre multiplicateur, commencera au chiffre écrit au-dessus de ce chiffre multiplicateur.

Enfin, dans l'évaluation du produit du multiplicande par le chiffre des dizaines du multiplicateur, il faudrait pousser l'approximation du multiplicande jusqu'aux millionièmes; on placera donc le chiffre 4 des dizaines du multiplicateur à la droite du chiffre 2 de ses unités.

Le multiplicateur sera alors complétement renversé.

$$35,4718942$$
$$743\ 815324$$

L'opération étant ainsi disposée, il se trouve, dans l'exemple choisi, que le chiffre 7 des dix millionièmes du multiplicateur n'a rien au-dessus de lui; cela provient de ce qu'il est d'un ordre

trop faible pour donner avec le multiplicande un produit dont il
doive être tenu compte ; on pourra donc supprimer ce chiffre.

D'un autre côté, le chiffre 2 des dix millionièmes du multiplicande, n'ayant rien au-dessous de lui, ne concourra à la formation d'aucun produit partiel ; on le supprimera donc également.

$$
\begin{array}{r}
35{,}471894 \\
43815324 \\
\hline
141827576 \\
7094378 \\
1064154 \\
177355 \\
3547 \\
2832 \\
105 \\
12 \\
\hline
149169959
\end{array}
$$

Cela fait, on formera tous les produits partiels ; on les additionnera ; on supprimera les deux derniers chiffres de la somme
comme pouvant être inexacts, ou parce qu'on ne voulait le produit qu'à 0,001 près, et on rétablira la virgule à son rang.

On aura ainsi **1491,699**.

177. Nous avons pris pour exemple deux nombres contenant
un même nombre 9 de chiffres, et ces nombres se trouvaient
donnés chacun avec une trop grande approximation, relativement à l'erreur qu'on se permettait dans l'évaluation du produit.
Aussi, les derniers chiffres des deux facteurs sont-ils restés sans
emploi ; mais il faut remarquer qu'on en a supprimé le même
nombre à chacun, ce qui est conforme à la règle.

Si les deux facteurs d'un produit étaient donnés avec des
nombres différents de figures, on pourrait, avant tout autre
examen préalable, supprimer, de celui qui en aurait davantage,
tous ceux de ses derniers chiffres qui seraient en excès par rapport au nombre de ceux de l'autre.

178. Si le multiplicateur avait plus de dix chiffres, d'après la règle que nous avons donnée, il faudrait calculer tous les produits partiels à moins de $\dfrac{1}{10^{n+2}}$ pour avoir le produit total à moins de $\dfrac{1}{10^n}$; il faudrait donc faire concourir à la formation de chacun d'eux une partie du multiplicande contenant un chiffre de plus; on évite ordinairement cette complication en disposant l'opération comme si le multiplicateur avait moins de dix chiffres, mais ayant soin de tenir compte, à chaque produit partiel, de la retenue qu'aurait pu fournir le produit du chiffre multiplicateur par le premier des chiffres négligés au multiplicande.

Dans cette dernière remarque, nous supposons, bien entendu, que, conformément à la précédente, on n'ait pas laissé au multiplicateur plus de chiffres que n'en avait le multiplicande lui-même; car si l'erreur permise était de beaucoup plus grande que celle qu'il serait impossible d'éviter, le multiplicateur eût-il plus de cent chiffres, qu'il serait encore convenable, dans certains cas, de ne lui en compter que moins de dix; cela arriverait toutes les fois que ses dix premiers chiffres, s'il n'y eût eu qu'eux de connus, n'auraient pas dû même concourir tous à former des produits partiels nécessaires à connaître.

DIVISION.

179. Lorsqu'on ne connaît qu'approximativement le dividende et le diviseur d'une division, hors le cas où les erreurs commises seraient justement proportionnelles aux valeurs exactes ou approchées de ces deux nombres, on ne peut obtenir aussi le quotient que par à peu près.

Si le dividende est approché par défaut et le diviseur par excès, les deux erreurs commises concourront à diminuer le quotient; si au contraire le dividende est approché par excès et le diviseur par défaut, pour ces deux raisons le quotient sera plus grand qu'il ne devrait être; enfin, si le dividende et le diviseur sont approchés tous deux par défaut ou tous deux par excès, les erreurs affecteront le quotient dans des sens opposés, de sorte qu'il pourrait y avoir, dans certains cas, compensation.

Comme nous l'avons déjà dit, on ignore la plupart du temps si les données d'un calcul, fournies en erreur de moins d'une unité décimale du dernier ordre mentionné, sont approchés par défaut ou par excès; pour arriver à des règles qui conviennent à tous les cas, il faut donc toujours se placer dans les hypothèses les moins favorables.

En conséquence, dans la recherche de l'erreur qui affecterait le quotient de deux nombres approchés, nous supposerons que le dividende soit donné par défaut et le diviseur par excès ou inversement.

180. Soient A et B les deux nombres donnés, approchés, d'abord, le dividende A par défaut, et, le diviseur B par excès, et soient α et β les erreurs commises dans l'évaluation de ces nombres, le dividende vrai sera donc $A + \alpha$ et le diviseur vrai $B - \beta$, en sorte que le quotient approché étant

$$\frac{A}{B},$$

le quotient vrai devrait être

$$\frac{A + \alpha}{B - \beta};$$

l'erreur qui entachera le quotient sera donc la différence

$$\frac{A + \alpha}{B - \beta} - \frac{A}{B}.$$

Pour évaluer cette différence, il faudra réduire les deux quotient au même diviseur, ce qui se fera comme s'il s'agissait de réduire deux fractions au même dénominateur, par ce principe qu'on peut multiplier le dividende et le diviseur d'une division par un même nombre sans en altérer le quotient.

L'erreur cherchée sera ainsi ramenée à la forme

$$\frac{AB + \alpha B}{B(B - \beta)} - \frac{AB - A\beta}{B(B - \beta)},$$

ou, comme pour diviser une somme ou une différence par un nombre on peut en diviser les parties et ajouter ou retrancher les quotients obtenus, et que par conséquent, la somme ou la différence des quotients de deux nombres, par un troisième, est le quotient de la somme ou de la différence de ces deux nombres par le même troisième,

$$\frac{AB + \alpha B - (AB - A\beta)}{B(B - \beta)},$$

ou, comme pour retrancher une différence on peut en retrancher la partie additive en ayant soin de rajouter la partie soustractive,

$$\frac{AB + \alpha B - AB + A\beta}{B(B - \beta)},$$

ou, enfin,

$$\frac{\alpha B + A\beta}{B(\alpha - \beta)} \text{, quantité moindre que } \frac{\alpha B + A\beta}{(B - \beta)^2},$$

mais qui en diffère peu.

Ainsi, l'erreur du quotient de deux nombres approchés, le dividende par défaut et le diviseur par excès, est à peu près exprimée par le quotient de la somme des produits en croix de ces deux nombres par les erreurs commises dans leur évaluation, divisée par le carré du diviseur donné, diminué préalablement de l'erreur commise dans son évaluation.

181. Supposons maintenant le dividende A approché par excès et le diviseur B approché par défaut, et soient toujours α et β les deux erreurs qui les affectent respectivement, le quotient approché sera encore

$$\frac{A}{B},$$

mais le quotient vrai sera maintenant

$$\frac{A-\alpha}{B+\beta};$$

l'erreur qui entachera le quotient sera donc

$$\frac{A}{B}-\frac{A-\alpha}{B+\beta},$$

ou
$$\frac{A\times(B+\beta)}{B(B+\beta)}-\frac{(A-\alpha)\times B}{B\times(B+\beta)},$$

ou
$$\frac{AB+A\beta}{B\times(B+\beta)}-\frac{AB-\alpha B}{B\times(B+\beta)},$$

ou
$$\frac{AB+A\beta-AB+\alpha B}{B\times(B+\beta)},$$

ou $\dfrac{A\beta+\alpha B}{B\times(B+\beta)}$, quantité moindre que $\dfrac{A\beta+\alpha B}{(B-\beta)^2}$,

mais qui en diffère peu.

Ainsi, la même formule convient aux deux cas pour exprimer l'erreur du quotient et la représente à très peu près par excès.

182. Pour en faire l'application à un exemple, soit proposé de trouver l'approximation avec laquelle on pourrait obtenir le quotient des deux nombres

$$3546,2718\ldots\ldots \quad \text{et} \quad 131,3947268\ldots\ldots,$$

approchés, le dividende à moins de 0,0001 et le diviseur à moins de 0,0000001;

L'erreur qui résultera au quotient, des deux erreurs qui affectent le dividende et le diviseur, sera moindre que

$$\frac{3546,2718\times0,0000001+131,3947268\times0,0001}{(131,3947267)^2},$$

ou

$$\frac{0,00035462718 + 0,01313947268}{(131,3947267)^2};$$

elle sera donc à plus forte raison moindre que

$$\frac{0,02}{(131,3947267)^2},$$

et *à fortiori* encore que

$$\frac{0,02}{(100)^2} \quad \text{ou} \quad 0,000002.$$

Ainsi, l'on pourra compter au quotient sur l'exactitude du chiffre des dix millièmes.

183. La considération des erreurs relatives donne, sous une autre forme, la solution des mêmes questions, renfermée dans l'énoncé de ce principe, que *l'erreur relative d'un quotient est sensiblement égale à la somme ou à la différence des erreurs relatives du dividende et du diviseur, suivant qu'ils sont approchés en sens contraires ou en même sens.*

On pourrait démontrer ce théorème directement ; mais il sera préférable de le déduire de celui qui se rapporte à un produit de deux facteurs et de montrer, par là, à quoi tient la presque identité des deux énoncés.

Le quotient de deux nombres n'est autre chose que le produit du premier par l'inverse du second, en sorte que la coexistence des deux théorèmes entraîne nécessairement celui-ci, que *l'erreur relative d'un nombre approché par défaut ou par excès est sensiblement égale à l'erreur relative de son inverse évalué par excès ou par défaut comme s'il était l'inverse de la valeur approchée de ce nombre.*

Nous allons démontrer ce troisième principe qui, conséquence des deux autres, peut servir de preuve à l'un, quand l'autre est déjà établi.

Soit B la valeur approchée d'un nombre, et β l'erreur par dé-

faut commise dans son évaluation, le nombre vrai sera donc
$B + \beta$, et l'erreur relative commise dans son évaluation $\dfrac{\beta}{B + \beta}$.

D'un autre côté, l'inverse du nombre vrai sera $\dfrac{1}{B + \beta}$, et l'inverse approché, $\dfrac{1}{B}$. L'erreur absolue commise dans l'évaluation de cet inverse sera donc

$$\frac{1}{B} - \frac{1}{B + \beta},$$

ou

$$\frac{\beta}{B(B + \beta)},$$

et l'erreur relative

$$\frac{\beta}{B(B + \beta)} : \frac{1}{B + \beta} \quad \text{ou} \quad \frac{\beta}{B},$$

c'est-à-dire à très peu près

$$\frac{\beta}{B + \beta}.$$

On arriverait aux mêmes conclusions en supposant le nombre proposé approché par excès.

184. Cela posé, soient A et B les deux termes d'une division, approchés, le premier, par exemple, par excès et le second par défaut, et soient $A - \alpha$ et $B + \beta$, les deux termes vrais de cette division, le quotient approché et le quotient vrai seront donc respectivement les produits :

$$A \times \frac{1}{B}$$

et

$$(A - \alpha) \times \frac{1}{B + \beta},$$

et les deux termes de la division étant approchés en sens contraires, ceux de la multiplication le seront en même sens; l'erreur relative commise au produit en prenant

$$A \times \frac{1}{B} \quad \text{au lieu de} \quad (A - \alpha \times) \frac{1}{B + \beta},$$

sera donc sensiblement égale à la somme des erreurs relatives commises respectivement en prenant

$$A \text{ et } \frac{1}{B} \quad \text{au lieu de} \quad A - \alpha \text{ et } \frac{1}{B + \beta},$$

c'est-à-dire à la somme de $\dfrac{\alpha}{A - \alpha} + \dfrac{\beta}{B + \beta}$ des erreurs relatives commises dans l'évaluation approximative du dividende et du diviseur.

On arriverait au même résultat si le dividende était approché en plus et le diviseur en moins; et dans le cas où les deux erreurs du dividende et du diviseur seraient en même sens, on trouverait pour expression de l'erreur relative du quotient la différence des erreurs relatives du dividende et du diviseur.

Le lecteur s'exercera utilement à examiner les trois cas pour lesquels nous nous bornons au simple énoncé du résultat. Il pourra aussi refaire une démonstration directe pour chacun des quatre cas, en évitant de s'astreindre à une notation choisie de préférence.

185. Les résultats où l'on vient de parvenir prouvent que l'erreur relative d'un quotient, étant la somme des erreurs relatives du dividende et du diviseur, est au moins de l'ordre de la plus grande des deux, et que, par suite, on ne peut obtenir exacts plus de chiffres d'un quotient de deux nombres approchés qu'on n'en connaît à celui des deux qui en a le moins; ainsi, on ne pourrait compter que sur les 8 premiers chiffres du quotient de

$$3546{,}2718\ldots\ldots \text{ par } 131{,}3947268.$$

Ce quotient aurait deux chiffres à sa partie entière, et, par conséquent, on pourrait en obtenir les millionièmes seulement. Nous avions trouvé, par l'autre méthode, que l'erreur ne pourrait pas dépasser deux millionièmes; mais la limite en avait été calculée largement, comme du reste on doit le faire, puisqu'il sera habituellement plus simple de calculer préalablement un ou deux chiffres de plus aux données d'une question, que d'évaluer par de trop longs calculs l'incertitude qui portera sur l'inconnue.

186. La solution de la question inverse de celle que nous venons de traiter résulte immédiatement du théorème où nous a conduit la considération des erreurs relatives :

Lorsqu'on voudra calculer un certain nombre des premiers chiffres d'un quotient, il faudra, généralement, évaluer d'abord le dividende et le diviseur avec un chiffre de plus.

Ainsi, si l'on voulait avoir avec six figures exactes le quotient de deux nombres,

$$5....,.... \quad \text{et} \quad 3..,......,$$

le premier commençant par 5 dizaines de mille, et le second par 3 cents, il faudrait calculer les sept premiers chiffres de chacun de ces nombres.

Si l'erreur permise était donnée sous forme relative, et qu'on la voulût moindre que $\dfrac{1}{1000000000}$, $\left(\dfrac{1}{10^9}\right)$, cela reviendrait à proposer d'obtenir les 10 premiers chiffres du quotient; par conséquent, on devrait calculer les onze premiers chiffres du dividende et du diviseur.

Enfin, si l'erreur permise était donnée sous forme absolue, et qu'on la voulût moindre que 0,0001, on observerait que le quotient cherché devant avoir trois chiffres à sa partie entière, devrait être calculé avec sept figures pour être approché à moins de 0,0001; on en conclurait donc la nécessité d'en calculer préalablement les deux termes avec huit chiffres.

187. On peut aussi traiter la même question par la considération des erreurs absolues, en se fondant sur la formule :

$$\frac{A\beta + \alpha B}{(B - \beta)^2}$$

de l'erreur absolue du quotient de deux nombres A et B, en erreur l'un de α et l'autre de β.

Pour que la somme

$$\frac{A\beta + \alpha B}{(B - \beta)^2}$$

fût moindre qu'une quantité donnée $\frac{1}{10^n}$, il suffirait que chacune de ses parties,

$$\frac{A\beta}{(B - \beta)^2} \quad \text{et} \quad \frac{\alpha B}{(B - \beta)^2}$$

fût moindre que la moitié de cette quantité, et de ces conditions on tirerait

$$\beta < \frac{(B - \beta)^2}{2A \times 10^n}$$

et

$$\alpha < \frac{(B - \beta)^2}{2B \times 10^n},$$

formules d'où on déduirait aisément dans la pratique les limites supérieures, sous forme décimale, des erreurs α et β qu'on pourrait se permettre dans l'évaluation du dividende et du diviseur ; mais cette méthode oblige à des calculs, que ne nécessite pas l'autre ; cependant, le lecteur s'exercera utilement à la mettre en pratique sur quelques exemples.

188. La même question, que nous avons examinée en terminant ce qui a rapport à la multiplication, se représente ici pour la division, et la même réponse doit y être faite :

Si l'on a à évaluer le quotient de deux nombres, l'un fourni par une mesure directe, l'autre théoriquement défini ; pour ne rien ajouter à l'incertitude qui pèsera nécessairement sur le résultat, en raison de l'imperfection des procédés de mesure auxquels on aura eu recours, il faudra toujours donner au nombre qu'on pourrait obtenir aussi approximativement qu'on le voudrait, autant de figures plus une qu'on en aura pu obtenir de l'autre.

DIVISION ABRÉGÉE.

189. Si les deux termes d'une division sont donnés avec des nombres différents de figures, on peut toujours, par la suppression d'un nombre convenable des derniers chiffres de celui des deux qui en a davantage, les réduire à la même approximation relative, sans craindre pour cela d'altérer la partie du quotient qu'on peut obtenir exactement, puisque l'erreur relative d'un quotient est toujours au moins de l'ordre de celle des deux erreurs relatives du dividende et du diviseur qui est la plus grande.

Si l'on ne tient pas à obtenir au quotient tous les chiffres que l'on pourrait en calculer exactement, on peut encore réduire le nombre des chiffres du dividende et du diviseur, et en laisser à chacun un de plus seulement qu'en doit avoir le quotient.

Pour les mêmes raisons, à mesure qu'on a obtenu un, deux, trois, etc., chiffres du quotient, comme la partie qui est encore inconnue n'est autre chose que le quotient du reste obtenu par le diviseur fixe ; que ce reste, généralement, a alors un, deux, trois chiffres de moins que le dividende primitif, et que le nouveau quotient ne doit plus être alors calculé qu'avec une, deux, trois figures de moins que le premier, on peut à mesure supprimer le dernier, les deux, les trois derniers chiffres du diviseur.

Ces quelques mots contiennent toute la théorie de la division abrégée ; on appliquera aisément à un exemple les principes qu'ils renferment, quelles que soient d'ailleurs les conditions dans lesquelles la question se présente.

Ainsi, soit proposé d'obtenir à moins de **0,0001** le quotient des deux nombres

$$37542,7163847\ldots \text{ et } 2817,32639485\ldots,$$

on verra immédiatement que, ce quotient ne devant avoir que deux chiffres à sa partie entière, la question est de l'obtenir avec six chiffres; par conséquent, on ne conservera de chacun des nombres proposés que ses sept premiers chiffres, et ainsi on les réduira à

$$37542,71 \quad \text{et} \quad 2817,326 :$$

$$
\begin{array}{c|c}
37542,71 & 2817,326 \\
9369,55 & 13,3257 \\
917,59 & \\
72,40 & \\
16,06 & \\
2,01 & \\
0,05 &
\end{array}
$$

le premier chiffre du quotient sera 1 et exprimera des dizaines, le reste correspondant sera 9369,55. Avant de continuer, on barrera le dernier chiffre 6 du diviseur, le second chiffre du quotient sera 3 et donnera pour reste 917,59; on barrera encore le dernier chiffre 2 du diviseur, et on continuera de même : le quotient cherché sera

$$13,3257,$$

190. Lorsqu'il s'agit d'exposer la méthode sur un exemple, on peut le faire directement sans s'appuyer d'aucune théorie préétablie. Voici comment :

Si, par exemple, on proposait d'obtenir à moins de 0,001 le quotient des nombres

$$735478,2716394\ldots \quad \text{et} \quad 2851,34382943\ldots,$$

on observerait qu'en supprimant le dernier chiffre 4 du dividende, chiffre qui exprimerait des dix millionièmes, on ne diminuerait le quotient que de la 2851e partie, à peu près, de 4 dix millionièmes, ce qui n'altérerait évidemment pas le quotient évalué à 0,001 près; par un raisonnement analogue, on verrait que la suppression successive des chiffres 9, 3, 6, 1, 7, 2, des millionièmes, cent millièmes, etc., dixièmes du dividende, n'altérerait pas le nombre des millièmes du quotient, et que, par conséquent, cette suppression serait permise à la rigueur; cependant, pour plus de sûreté, on conserverait les dixièmes du dividende, qu'on réduirait ainsi à 735478,2 ;

Cela fait, on disposerait l'opération :

$$735478,2 \;\Big|\; \begin{array}{l} 2851,34382943\ldots, \\ \hline 2 \end{array}$$

on poserait le premier chiffre du quotient, 2, qui exprimerait des centaines, et alors on observerait que retrancher du dividende, comme on devrait le faire, suivant la méthode ordinaire, les produits de ce premier chiffre du quotient 200 par les derniers chiffres 3, 4, 9, 2, 8 du diviseur, ne servirait qu'à réintroduire au reste, c'est-à-dire au nouveau dividende, des chiffres jugés déjà inutiles à connaître, puisqu'ils exprimeraient au plus des centièmes, et par cette considération on réduirait le diviseur à 2851,343.

Enfin, à mesure qu'on aurait obtenu un, deux, trois chiffres du quotient, on supprimerait un, deux, trois chiffres à droite du diviseur, parce que les produits de ces chiffres, par celui qu'on serait sur le point d'obtenir au quotient, deviendraient, à mesure, d'ordres supérieurs à celui du dernier chiffre utile à connaître au reste ou au dividende.

On retomberait ainsi sur la même règle pratique que nous a fournie la théorie des erreurs relatives. Au reste, la méthode que nous venons de suivre conviendrait aussi bien à la recherche des erreurs qu'on peut se permettre dans l'évaluation des deux termes d'un quotient, l'erreur permise dans l'évaluation de ce quotient étant connue; le lecteur en fera aisément l'application sur un exemple défini.

EXERCICES :

I. Le rapport de la circonférence au diamètre étant

$$\pi = 3,1415926535897932\ldots\ldots,$$

calculer aussi exactement que possible la circonférence d'un cercle dont le rayon, mesuré avec soin, aurait été trouvé de $25^m,4327$ en erreur de moins d'un dixième de millimètre.

II. La surface d'un cercle de rayon R étant représentée par la formule $\pi.R^2$, calculer aussi exactement que possible la surface d'un cercle dont le rayon aurait été trouvé de $451^m,336$ en erreur de moins d'un millimètre.

III. Le volume d'une sphère de rayon R étant représenté par la formule $\frac{4}{3}\pi R^3$, calculer aussi exactement que possible le volume d'une sphère dont le rayon aurait été trouvé de $328^m,427$ en erreur de moins d'un millimètre.

IV. La surface d'un cylindre droit à base circulaire de hauteur H et de rayon R étant représentée par la formule $2\,\pi.R.H$, calculer aussi exactement que possible la surface d'un cylindre droit dont la hauteur aurait été trouvée de $124^m,835$ en erreur de moins de 1 millimètre et le rayon de base de $3^m,4137$ en erreur de moins de 1 demi-dixième de millimètre.

V. La surface d'une ellipse dont les demi-axes sont a et b étant représentée par la formule $\pi a.b$, avec quelle approximation faudrait-il connaître les demi-axes de l'écliptique pour pouvoir calculer l'aire de cette ellipse à moins de 1 hectare d'erreur? — On suppose connues les valeurs approchées des deux axes de l'écliptique, qui sont de 29045 et 29044, rayons terrestres équatoriaux, et la valeur approchée du rayon équatorial de la terre, qui est de 6377109 mètres.

VI. Avec quelle approximation faudrait-il connaître le rayon équatorial et le rayon polaire de notre planète pour pouvoir estimer, à un myriamètre carré près, la surface de l'ellipse méridienne obtenue en faisant une section par la ligne des pôles? — On suppose connues les valeurs approchées de ces deux rayons, qui sont de 6377109 et 6356199 mètres.

VII. Le volume d'un ellipsoïde de révolution, dont le demi-axe équatorial est a et le demi-axe polaire b, étant représenté par la formule $\frac{4}{3}\pi a^2 b$, avec quelle approximation faudrait-il connaître les deux axes de la terre pour pouvoir en estimer le volume à moins de cent myriamètres cubes?

VIII. Un fil électrique en fer, supposé cylindrique, doit avoir 178759534 mètres de longueur, et la limite du volume du fer qu'on veut employer à sa fabrication est fixée à 120 mètres cubes à peu près, avec quel soin devra-t-on régler le diamètre de la section transversale du fil pour ne pas se tromper de plus d'un mètre cube dans le volume de fer dépensé?

CHAPITRE XVI.

Puissances et racines.

191. Nous avons déjà dit qu'on nomme puissance d'un nombre le produit de ce nombre multiplié plusieurs fois par lui-même ; la puissance m de a est le produit de m facteurs égaux à a, et s'indique par le symbole a^m ; m est l'exposant de cette puissance.

Nous savons que le produit et le quotient de deux puissances différentes d'un même nombre sont encore des puissances de ce nombre, et que l'exposant en est égal à la somme ou à la différence des exposants des puissances multipliées ou divisées.

Nous avons vu encore que, pour élever un produit à une puissance désignée, on peut y élever les différents facteurs de ce produit.

192. Nous rechercherons maintenant quelle est la composition d'une puissance désignée d'un nombre composé de parties additives ou soustractives ; les principes relatifs à la multiplication des nombres composés suffiront à cette recherche, où il ne s'agira que d'obtenir des résultats et non d'arriver à la loi générale qui préside à leur formation.

De quelque nombre de parties additives ou soustractives que puissent être composés les deux facteurs d'un produit, on peut toujours arriver à connaître la composition de ce produit au moyen de ce seul principe que, pour multiplier une somme ou une différence par un nombre, on peut en multiplier les parties par ce nombre et ajouter ou retrancher les produits obtenus.

En effet, en considérant, provisoirement, le multiplicateur comme non composé, et le multiplicande comme formé de la somme ou de la différence de son dernier terme et de l'ensemble de tous les autres, on verra qu'il faudrait effectuer les produits par le multiplicateur de ce dernier terme du multiplicande et de l'ensemble de tous les autres, pour ajouter ensuite ou retrancher les résultats obtenus ; on sera donc ainsi ramené à deux opérations portant l'une sur un multiplicande simple, et l'autre sur un multiplicande encore composé, mais contenant maintenant un terme de moins que le proposé. On réduira de même cette dernière opération à deux autres, portant l'une sur un multiplicande simple, et l'autre sur un multiplicande encore composé peut-être, mais qui contiendra alors deux termes de moins que le proposé ; et, en continuant de même, on arrivera à réduire l'opération primitive à des multiplications des différents termes simples du multiplicande proposé par le multiplicateur.

Cela fait, on renversera l'ordre des facteurs dans chacune des opérations à effectuer, le multiplicande alors redeviendra composé, mais on le résoudra en ses différents termes en répétant l'usage du même procédé, et, comme le multiplicateur sera devenu simple, on n'aura plus à indiquer que des multiplications de nombres non composés.

Ainsi, supposons qu'on veuille connaître toutes les parties constitutives du carré d'une somme $(a + b)$ composée des deux parties a et b.

Le produit de $(a + b)$ par $(a + b)$ sera la somme des produits des parties a et b du multiplicande par le multiplicateur $(a + b)$; il sera donc :

$$a \times (a + b) + b \times (a + b),$$

ou, en renversant l'ordre des facteurs dans chaque produit partiel :

$$(a + b) \times a + (a + b) \times b,$$

ou :

$$a^2 + a \times b + a \times b + b^2,$$

ou enfin, en réduisant en un seul les deux termes semblables :

$$a^2 + a \times b \times 2 + b^2,$$

qu'on écrit encore :

$$a^2 + 2\,a \times b + b^2.$$

Ainsi, le carré d'une somme composée de deux parties se compose : du carré de la première partie, du double du produit de la première par la seconde, et du carré de la seconde.

Supposons maintenant qu'il s'agisse d'obtenir le cube d'une somme $(a+b)$. Après en avoir fait le carré

$$a^2 + 2\,a \times b + b^2,$$

il faudra le multiplier encore par $(a+b)$, et, comme pour multiplier une somme par un nombre, on peut en multiplier toutes les parties par ce nombre et ajouter les produits obtenus, on aura d'abord :

$$(a+b)^3 = a^2 \times (a+b) + 2a \times b \times (a+b) + b^2 \times (a+b),$$

ou, en renversant l'ordre des facteurs dans chaque produit :

$$(a+b)^3 = (a+b) \times a^2 + (a+b) \times 2a \times b + (a+b) \times b^2,$$

c'est-à-dire :

$$(a+b)^3 = a^3 + a^2.b + 2.a^2.b + 2a.b^2 + a.b^2 + b^3,$$

ou, enfin, en réduisant en un seul les termes semblables $a^2.\,b$ et $2a.^2b$ d'une part, $2.a.b^2$ et $a.b^2$ de l'autre :

$$(a+b)^3 = a^3 + 3a.b^2 + 3a.b^2 + b^3.$$

Ainsi, le cube d'une somme composée de deux parties se compose : du cube de la première partie, du triple du produit du carré de la première partie multipliée par la seconde, du triple du produit de la première partie multipliée par le carré de la seconde, et enfin du cube de la seconde partie.

193. On pourrait prolonger indéfiniment ces exercices, et exprimer ainsi telle puissance qu'on voudrait d'une somme $(a+b)$, d'une différence $(a-b)$, ou enfin du résultat $(a+b-c+d-e-f...)$

de tant d'additions ou soustractions qu'on le voudrait ; mais, tout en conseillant ces exercices au lecteur, nous nous bornerons à faire voir que la $p^{\text{ième}}$ puissance de $(a+b)$ est plus grande que la somme de la $p^{\text{ième}}$ puissance de a et de p fois le produit de la $(p-1)^{\text{ième}}$ puissance de a multiplié par b :

$$(a+b)^p > a^p + pa^{p-1}b :$$

c'est tout ce qu'il sera important de savoir pour l'intelligence de ce chapitre.

La démonstration se réduit au calcul même de la puissance, débarrassée des termes qu'on ne veut pas garder :

$$(a+b)^2 \text{ est égal à } a^2 + 2ab + b^2 ;$$

par conséquent :

$$(a+b)^2 \text{ est plus grand que } a^2 + 2\,ab ;$$

en multipliant de part et d'autre par $a+b$, on trouve que

$$(a+b)^3 \text{ est supérieur à } a^3 + b3a^2 + 2ab^2,$$

et que, par conséquent,

$$(a+b)^3 \text{ surpasse } a^3 + 3a^2b.$$

En multipliant encore de part et d'autre par $(a+b)$, on trouverait de même :

$$(a+b)^4 > a^4 + 4a^3b + 3a^4b^2,$$

et, *à fortiori,*

$$(a+b)^4 > a^4 + 4a^3b ;$$
$$(a+b)^5 > a^5 + 5a^4b + 4a^3b^2,$$

et, *à fortiori,*

$$(a+b)^5 > a^5 + 5a^4b,$$

et ainsi indéfiniment.

194. **Puissances de puissances.** La puissance n de la puissance m d'un nombre a se noterait sous le symbole : $(a^m)^n$.

On peut la formuler autrement :

$(a^m)^n$ désigne le produit de n facteurs, égaux à a^m :

$$a^m \times a^m \times a^m ,..... \times a^m ;$$

or, d'après une règle connue, la multiplication de puissances d'un même nombre étant suppléée par l'addition des exposants de ces puissances, et cette addition se réduisant à la multiplication de l'un d'eux par leur nombre, lorsqu'ils sont égaux, une puissance de puissance se fera par la multiplication des exposants superposés :

$$(a^m)^n = a^{m \times n}.$$

EXERCICES.

I. Former la 4e et la 5e puissances de la somme $a + b$.

II. Former le carré et le cube de la différence $a - b$.

III. La différence des cubes de deux nombres entiers consécutifs est égale à trois fois le carré du plus petit, plus trois fois le plus petit, plus une unité.

IV. La différence des carrés de deux nombres entiers consécutifs est le double du plus petit de ces nombres, plus une unité.

V. Le carré d'un nombre entier ne peut se terminer par aucun des chiffres 2, 3, 7, 8.

VI. Quel peut être le dernier chiffre d'un nombre dont le carré se termine par 0 ou par 5, par 1, ou par 4, ou par 9, ou par 6 ?

VII. Le carré d'un nombre terminé par 5 se termine lui-même par 25.

VIII. Quel est le dernier chiffre d'un nombre dont le cube se termine par 0, ou par 1, ou par 2..... ou par 9 ?

IX. Démontrer que la somme des carrés de deux nombres est plus grande que le double de leur produit.

RACINES.

195. On nomme généralement *racine* d'un nombre un autre nombre qui, élevé à une puissance convenable, le reproduirait ; l'exposant de la puissance est *l'indice* de la racine et la définit.

Les racines carrée, cubique, quatrième, etc., d'un nombre, sont les nombres qui, élevés respectivement au carré, au cube, à la quatrième puissance, etc., reproduiraient le proposé.

Ces définitions ne fournissent, à proprement parler, qu'un moyen de reconnaître, en un nombre donné, la racine d'indice désigné d'un autre nombre donné ; car il n'existe pas toujours de nombre assignable dont une puissance désignée puisse reproduire un autre nombre donné.

Toutes les puissances d'une fraction irréductible étant des fractions irréductibles, il en résulte, en effet, qu'un nombre entier qui n'est pas le carré, ou le cube... d'un autre nombre entier, ne saurait être, non plus, le carré, ou le cube... d'une fraction ; et que toute fraction irréductible, dont les deux termes ne sont pas à la fois des carrés, ou des cubes..., ne saurait être le carré, ou le cube... d'un nombre soit entier, soit fractionnaire.

En appliquant à la lettre les termes mêmes de la définition, on en viendrait donc à conclure que la plupart des nombres manquent de racine, soit carrée, soit cubique, etc.

Pour éclaircir cette définition sans recourir à aucune notion nouvelle, on la modifie habituellement en ces termes :

La racine $m^{\text{ème}}$ d'un nombre, provisoirement définie par à peu près, parce qu'on ne compterait pas en obtenir exactement l'expression numérique, serait le nombre dont la $m^{\text{ème}}$ puissance différerait suffisamment peu du nombre proposé. Cette racine approchée serait par défaut ou par excès, suivant qu'en en formant la $m^{\text{ème}}$ puissance on obtiendrait un résultat plus petit ou plus grand que le nombre proposé, et elle serait en erreur de moins.

$\frac{1}{n}$ lorsque, diminuée ou augmentée de $\frac{1}{n}$, suivant qu'elle aurait été prise trop grande ou trop petite, elle deviendrait inversement trop petite ou trop grande.

La racine $m^{\text{ème}}$ d'un nombre, si on pouvait la concevoir nettement sous cette définition, serait donc la limite commune de nombres croissants dont la puissance m resterait inférieure à ce nombre, et de nombres décroissants dont la puissance m le surpasserait. — Généralement incapable d'une représentation exacte, puisqu'elle serait incommensurable, on n'en pourrait pas donner de défiuition arithmétique plus complète.

Or, celle-ci n'est pas suffisante.

Les mots *nombre* et *incommensurable* se repoussent ; l'incommensurabilité ne s'applique qu'à la grandeur, et un nombre ne mesure approximativement une grandeur incommensurable avec son unité qu'en ce qu'il représente une autre grandeur de même espèce qui en diffère peu, et qui soit commensurable avec cette même unité.

Mais s'il est impossible de définir directement la racine carrée, ou cubique..., d'un nombre qui n'est pas carré, ou cube..., il est facile de définir la grandeur dont cette racine devrait être la mesure.

196. Les géomètres grecs, à la suite de leurs recherches sur la duplicatiou du cube et la trisection de l'angle, imaginèrent, de la façon la plus simple possible, les équivalents de ce que nous nommons aujourd'hui racines carrée, cubique, etc., et leur manière de les définir est et restera toujours la plus claire et la plus exacte.

Si $m + 1$ grandeurs $a,\ b,\ c,\ d,\dots\ k,\ l$ sont continuement proportionnelles, de telle sorte que les rapports

$$\frac{a}{b}, \quad \frac{b}{c}, \quad \frac{c}{d}, \quad \cdots \quad \frac{k}{l}$$

soient tous égaux entre eux, la seconde b est la racine $m^{\text{ème}}$ de la dernière l rapportée à la première a prise pour unité, la troisième c serait le carré de cette racine $m^{\text{ème}}$, la quatrième en serait le cube, etc.

Inversement, l'avant-dernière k est la racine $m^{\text{ème}}$ de la première a rapportée à la dernière l prise pour unité ; l'antépénultième serait le carré de cette racine $m^{\text{ème}}$, etc.

Ainsi, la racine carrée x d'une grandeur a, rapportée à une autre grandeur u prise pour unité, serait définie par la proportion :

$$u : x :: x : a ;$$

la racine cubique y le serait de même par la suite :

$$u : y :: y : y' :: y' : a;$$

la racine quatrième z par la suite :

$$u : z :: z : z' :: z' : z'' :: z'' : a;$$

et ainsi de suite.

Cette définition comprend la définition usuelle; car si, par exemple, nous prenons la suite :

$$u : t :: t : t' :: t' : t'' :: t'' : t''' :: t''' : a,$$

qui définirait la raison cinquième t, de a rapporté à u, nous en tirerons, d'après le principe de l'égalité du produit des moyens d'une proportion au produit des extrêmes :

$$t^2 = ut', \quad t'^2 = tt'', \quad t''^2 = t't''', \quad t'''^2 = t''a,$$

c'est-à-dire

$$t' = \frac{t^2}{u}, \quad t'' = \frac{t'^2}{t}, \quad t''' = \frac{t''^2}{t'}, \quad a = \frac{t'''^2}{t''},$$

d'où, substituant de proche en proche,

$$t'' = \frac{t^4}{u^2 t} = \frac{t^3}{u^2},$$

$$t''' = \frac{t^6}{u^4 \dfrac{t^2}{u}} = \frac{t^4}{u^3},$$

$$a = \frac{t^8}{u^6 \dfrac{t^3}{u^2}} = \frac{t^5}{u^4},$$

la dernière égalité : $a = \dfrac{t^5}{u^4}$, qu'on peut encore mettre sous la forme :

$$\frac{a}{u} = \frac{t^5}{u^5},$$

ou

$$\frac{a}{u} = \left(\frac{t}{u}\right)^5,$$

exprime que la cinquième puissance de la mesure de t est la mesure de a.

Ici, comme dans beaucoup d'autres circonstances, la substitution du point de vue concret au point de vue abstrait aura fait évanouir toute difficulté.

Pour concevoir, en effet, d'une manière parfaitement nette la la racine $m^{ème}$, b, d'une grandeur l rapportée à une unité a, ou les $(m-1)$ moyennes proportionnelles b, c, d, . . . k, qu'il faudrait insérer entre a et l pour obtenir cette racine $m^{ème}$, b, il suffit de concevoir une grandeur b_1, s'éloignant d'une manière continue de la valeur a, en se rapprochant de l, et d'imaginer que l'on formât à chaque instant les grandeurs c_1, d_1, $\ldots$, k_1 l_1, définies par les égalités

$$\frac{a}{b_1} = \frac{b_1}{c_1} = \frac{c_1}{d_1} = \ldots = \frac{k_1}{l_1} :$$

b_1 croissant ou décroissant d'une manière continue, c_1, d_1, $\ldots$ k_1, l_1 croîtraient ou décroîtraient en même temps tous dans le même sens que b_1 et d'une manière continue, l_1, à un certain instant, arriverait donc à la valeur l pour la dépasser ensuite : à cet instant précis, b_1, lui-même, serait arrivé à la valeur cherchée b.

EXTRACTION DES RACINES.

197. Le calcul de la racine, d'indice marqué, d'un nombre donné au hasard, ne pouvant la fournir exactement que dans des cas exceptionnels, nous raisonnerons d'abord dans l'hypothèse où cette racine, devant être incommensurable, il s'agirait de l'obtenir à une approximation désignée.

Les calculs qui devraient fournir la valeur approchée de la racine, pourront la donner aussi bien exacte, lorsque cette racine se trouvera commensurable.

Tout nombre, qui ne diffère de la mesure exacte d'une grandeur que de moins de $\dfrac{1}{m}$, est une valeur approchée de cette mesure à moins de $\dfrac{1}{m}$; mais on entend plus spécialement par valeurs approchées, par défaut et par excès, à moins de $\dfrac{1}{m}$ d'une inconnue quelconque, les deux fractions ordinaires qui auraient pour dénominateur m, pour numérateurs deux nombres entiers consécutifs, et qui comprendraient entre elles la vraie valeur de cette inconnue.

Ainsi, le calcul d'une inconnue à moins de $\dfrac{1}{m}$, par défaut, revient à la recherche du plus grand nombre de $m^{\text{èmes}}$ que contient cette inconnue : il faudra toujours l'entendre ainsi dans tout ce qui va suivre.

198. La recherche de la racine d'indice p, approchée à moins de $\dfrac{1}{m}$, d'un nombre N soit entier, soit fractionnaire, se ramène immédiatement à la recherche de la partie entière de la racine $p^{\text{ème}}$ d'un autre nombre entier, toujours aisé à obtenir.

En indiquant, dès maintenant, comment s'opère cette transformation, nous n'aurons plus ensuite à nous occuper que de nombres entiers.

Soit x le plus grand nombre de $m^{\text{èmes}}$ que contienne la racine p de N, les fractions $\dfrac{x}{m}$ et $\dfrac{x+1}{m}$ comprendront entre elles cette racine, ou, plutôt, les $p^{\text{èmes}}$ puissances de ces fractions comprendront entre elles le nombre N :

$$\left(\frac{x}{m}\right)^{p}, \ \text{N et} \ \left(\frac{x+1}{m}\right)^{p},$$

ou

$$\frac{x^{p}}{m^{p}}, \ \text{N et} \ \frac{(x+1)^{p}}{m^{p}},$$

seront rangés par ordre de grandeur croissante.

En multipliant par m^p ces trois nombres, les produits qu'ils donneront resteront encore rangés par ordre de grandeur, on obtiendra donc :

$$x^p < \mathrm{N} \times m^p < (x + 1)^p :$$

Cette double inégalité, traduite en langage ordinaire, signifie que le nombre cherché x est la racine de la plus grande $p^{\text{ème}}$ puissance entière contenue dans $\mathrm{N} \times m^p$, ou du plus grand nombre entier, $p^{\text{ème}}$ puissance exacte, contenue dans $\mathrm{N} \times m^p$, c'est-à-dire dans la partie entière de ce produit; car un nombre entier, moindre qu'un nombre fractionnaire, peut être tout au plus égal à la partie entière de ce dernier.

On conclut de là cette règle que :

Pour obtenir, à moins de $\dfrac{1}{m}$ par défaut, la racine $p^{\text{ème}}$ d'un nombre entier ou fractionnaire, il faut multiplier ce nombre par la $p^{\text{ème}}$ puissance du dénominateur m de l'approximation demandée, prendre la partie entière du produit, et extraire la racine de la plus grande $p^{\text{ème}}$ puissance entière contenue dans cette partie entière, ou autrement en extraire la racine $p^{\text{ème}}$ à une unité près en moins.

Pour trouver, à moins de $\dfrac{1}{m}$, par défaut, la racine carrée ou cubique d'un nombre entier, ou fractionnaire, il faudrait donc multiplier ce nombre par le carré ou par le cube du dénominateur m de l'approximation demandée, prendre la partie entière du produit, et extraire la racine carrée ou cubique du plus grand carré ou cube contenu dans cette partie entière.

Lorsque l'approximation est décimale, la multiplication préalable du nombre proposé, par la $p^{\text{ème}}$ puissance du dénominateur de cette approximation, n'exige plus qu'un simple déplacement de la virgule, le calcul se simplifie donc d'autant.

Pour trouver à moins de $\dfrac{1}{10^m}$, par défaut, la racine $p^{\text{ème}}$ d'un nombre entier ou fractionnaire, il faudrait le multiplier par la

$p^{ième}$ puissance de 10^m, ou par 10^{mp}, extraire la partie entière du produit et la racine $p^{ème}$ de cette partie entière. Cela revient à dire que, pour exprimer en décimales la racine $p^{ème}$ d'un nombre, il faut le développer lui-même en décimales, en calculer p fois autant de chiffres décimaux qu'on veut en avoir à sa racine p, supprimer la virgule, extraire la racine p du nombre obtenu, et enfin rétablir la virgule à cette racine, à la place qu'elle y doit occuper et qu'indique le degré d'approximation.

Pour obtenir, outre la partie entière, m premiers chiffres de la racine carrée ou cubique d'un nombre, il faudrait donc calculer de ce nombre, outre la partie entière, les $2m$ ou $3m$ premiers chiffres décimaux, supprimer la virgule, extraire la racine carrée ou cubique du nombre obtenu, et enfin séparer par la virgule décimale les m derniers chiffres de la racine trouvée.

Nous supposions, dans ce qui vient d'être dit, qu'il fût question d'extraire à une approximation désignée la racine d'un certain indice d'un nombre *donné*, c'est-à-dire d'un nombre entier ou fractionnaire, puisqu'on ne peut donner le nombre qui devrait servir de mesure à une grandeur *incommensurable* avec son unité ; mais s'il s'agissait en effet d'extraire la racine d'un certain indice de la mesure idéale d'une grandeur incommensurable avec son unité, nous n'aurions pour cela rien à changer à nos conclusions ; car, en premier lieu, dès que nous voulons réaliser ce que nous nommons, par idéalité, nombre incommensurable, nous n'y arrivons qu'en en prenant, en ses lieu et place, des valeurs commensurables approchées ; et en outre : les calculs, que nous effectuons sur les valeurs suffisamment approchées des nombres incommensurables qui nous échappent, nous fournissent des valeurs, aussi approchées que nous voulons, des résultats des calculs que nous aurions dû, mais que nous ne pouvions faire porter sur ces nombres incommensurables.

On peut toujours imaginer que l'évaluation préalable des données ait été poussée assez loin pour que le résultat du calcul qu'on se propose ne puisse être vicié, à l'approximation où on le demande, par les erreurs commises dans cette évaluation ; or, si les choses étant en cet état, on peut alors réduire à un degré moindre l'approximation des données commensurables qu'on aura substituées aux vraies données, incommensurables, autant aurait valu réduire de suite, à ce même degré, l'approximation de ces données incommensurables.

199. Ainsi, en résumé, dans quelques conditions que soit proposée l'extraction d'une racine, la question se ramènera toujours à l'extraction, à une unité près, d'une racine, de même indice, d'un nombre entier toujours aisé à obtenir.

Il ne nous reste donc à traiter que cette dernière question de la recherche de la plus grande $p^{\text{ème}}$ puissance entière contenue dans un nombre entier donné.

Pour trouver la racine $p^{\text{ème}}$ du plus grand nombre entier, $p^{\text{ème}}$ puissance exacte, que contienne un nombre entier donné, ou autrement : pour trouver le plus grand nombre entier dont la $p^{\text{ème}}$ puissance ne dépasserait pas un nombre entier donné, on pourrait faire les $p^{\text{èmes}}$ puissances des nombres entiers consécutifs, jusqu'à ce qu'on arrivât au premier de ceux dont la $p^{\text{ème}}$ puissance dépasserait le nombre donné : le précédent serait le nombre cherché.

Ainsi, les carrés des nombres

$$1, 2, 3, \quad 4, \quad 5, \quad 6, \quad 7, \quad 8, \quad 9, \quad 10, \quad 11, \quad 12, \text{ etc.,}$$

étant

$$1, 4, 9, 16, \quad 25, \quad 36, \quad 49, \quad 64, \quad 81, \quad 100, \quad 121, \quad 144, \text{ etc.,}$$

et leurs cubes :

$$1, 8, 27, 64, \quad 125, \quad 216, \quad 343, \quad 512, \quad 729, \quad 1000, \quad 1331, \quad 1728, \text{ etc.,}$$

la racine carrée du plus grand carré entier contenu dans 73, ou la racine carrée, à une unité près, en moins, de 73, serait 8, parce que 73 tombe entre 64 et 81, dont les racines carrées sont 8 et 9 ; et la racine cubique du plus grand cube entier contenu dans 1543 serait 11, parce que 1543 tombe entre 1331 et 1728, dont les racines cubiques sont 11 et 12.

Une table des carrés, des cubes, etc., des nombres entiers, donnerait donc immédiatement les racines carrées, etc., de tous les nombres entiers compris dans les limites de cette table.

A défaut de tables, on pourrait former les carrés ou les cubes, et, en général, les $p^{èmes}$ puissances de nombres entiers, que l'on augmenterait ou diminuerait selon qu'ils auraient fourni des résultats inférieurs ou supérieurs au nombre proposé. En jugeant approximativement de la quantité qu'il faudrait ajouter ou retrancher au nombre essayé, d'après la différence que donnerait sa $p^{ème}$ puissance comparée au nombre proposé, on arriverait au résultat par des tâtonnements qui, heureusement dirigés, pourraient n'être pas trop longs.

Si l'on voulait régulariser ces tâtonnements et les conduire de manière à obtenir successivement tous les chiffres de la racine, en commençant par celui de l'ordre le plus élevé, comme on ne chercherait qu'un chiffre à la fois, on ne saurait, en tout cas, avoir plus de neuf essais à faire pour obtenir chacun d'eux.

Ainsi, si l'on savait que la racine $p^{ème}$ d'un nombre n'a que trois chiffres, par exemple, pour obtenir le chiffre des centaines, on ferait les $p^{èmes}$ puissances des nombres

$$100, \ 200, \ 300 \dots$$

jusqu'à 900 au plus, ce qui reviendrait à faire les $p^{èmes}$ puissances de

$$1, \ 2, \ 3 \dots 9,$$

que l'on ferait suivre chacun de $2p$ zéros : la comparaison de ces puissances au nombre proposé fournirait immédiatement le chiffre des centaines de la racine cherchée.

Si ce chiffre était 4, par exemple, on ferait ensuite les $p^{èmes}$ puissances des nombres

$$400, \ 410, \ 420, \ 430 \dots$$

jusqu'à 490 au plus, ce qui reviendrait à faire les $p^{èmes}$ puissances de

$$40, \ 41, \ 42, \dots 49,$$

que l'on ferait suivre chacun de p zéros : la comparaison de ces puissances au nombre proposé fournirait immédiatement le chiffre des dizaines de la racine de ce nombre, accolé au chiffre des centaines déjà trouvé.

Si la racine du nombre proposé avait été trouvée comprise entre 470 et 480, on ferait les $p^{èmes}$ puissances des nombres

$$470, \ 471, \ 472, \ \ldots \ldots$$

jusqu'à 479 au plus, et la comparaison des résultats obtenus au nombre proposé fournirait enfin le chiffre des unités de la racine, accolé aux deux chiffres, déjà trouvés, des centaines et des dizaines.

Toute la difficulté serait donc de connaître l'ordre décimal du premier chiffre de la racine $p^{ème}$ du nombre proposé; mais la comparaison de ce nombre aux $p^{èmes}$ puissances des nombres

$$1, \ 10, \ 100, \ 1000 \ldots$$

suffira pour déterminer cet ordre décimal, sans, d'ailleurs, nécessiter aucun calcul.

200. Le procédé d'extraction que nous avons à exposer ne consiste qu'en un simple perfectionnement de la méthode primitive que nous venons d'indiquer.

Observons d'abord que les $p^{èmes}$ puissances des nombres

$$1, \quad 10, \quad 100, \quad 1000 \ldots$$

ou

$$1, \quad 10, \quad 10^2, \quad 10^3 \ldots$$

sont

$$1, \quad 10^p, \quad 10^{2p}, \quad 10^{3p} \ldots$$

c'est-à-dire les nombres formés de l'unité suivie de 0, p, $2p$, $3p$, etc., zéros :

Il résulte de là, que si un nombre est compris entre 1 et 10^p, ou entre 10^p et 100^p, ou entre 100^p et 1000^p, etc., c'est-à-dire s'il est compris entre 1 et 10^p, ou entre 10^p et 10^{2p}, ou entre

10^{2p} et 10^{3p}, etc.; ou enfin si ce nombre a de 1, à p chiffres, ou de $p + 1$, à $2p$ chiffres, ou de $2p + 1$, à $3p$ chiffres, etc., sa racine sera comprise entre 1 et 10, ou entre 10 et 100, ou entre 100 et 1000, etc., c'est-à-dire qu'elle aura 1, ou 2, ou 3, etc., chiffres.

Ainsi un nombre a autant de chiffres à sa racine $p^{ème}$, qu'il a lui-même de tranches de p chiffres; la dernière pouvant être incomplète.

D'ailleurs, si la racine $p^{ème}$ d'un nombre doit, par exemple, avoir cinq chiffres, et qu'on ait décomposé ce nombre en tranches de p chiffres à partir de la droite, ce qui aura dû donner cinq tranches, dont la dernière à gauche pourra être incomplète: d'après ce qui a été dit plus haut, le premier chiffre de la racine sera la racine du nombre composant la première tranche; les deux premiers chiffres de la racine formeront la racine du nombre composé des deux premières tranches, et ainsi de suite.

Car, par exemple, si les deux premiers chiffres de la racine devaient être 3 et 7, on jugerait de leur exactitude, sans connaître les trois derniers, à ce que les $p^{èmes}$ puissances de

$$37000 \quad \text{et} \quad 38000$$

eraient l'une inférieure et l'autre supérieure au nombre proposé; ces $p^{èmes}$ puissances seraient les $p^{èmes}$ puissances de 37 et 38, mais suivies de $3p$ zéros. Or, pour qu'elles fussent l'une plus grande et l'autre moindre que le nombre proposé, il faudrait évidemment que la $p^{ème}$ puissance de 37 fût inférieure, et la $p^{ème}$ puissance de 38, au contraire, supérieure au nombre composé des tranches précédant les trois dernières dans le nombre proposé, c'est-à-dire au nombre composé des deux premières tranches de ce nombre proposé; mais, dans de telles conditions, 37 serait évidemment la racine $p^{ème}$ de la plus grande $p^{ème}$ puissance entière exacte contenue dans le nombre formé de ces deux premières tranches.

Cela posé, la comparaison de la première tranche du nombre proposé à la liste des $p^{èmes}$ puissances des neuf premiers nombres, liste qu'il sera toujours indispensable de former à l'avance, fournira immédiatement le premier chiffre de la racine cherchée.

Pour en avoir le second, sans faire tous les essais que nous avons décrits plus haut, on commencera par chercher, de ce chiffre, une limite supérieure : — mais la même méthode devant s'appliquer successivement à tous, supposons, pour n'être pas obligés de nous répéter, qu'on ait obtenu déjà un certain nombre, trois, par exemple, des premiers chiffres de la racine, et cherchons comment nous obtiendrions le suivant :

Les quatre premiers chiffres de la racine du nombre proposé formant la racine du nombre composé de ses quatre premières tranches, imaginons qu'on ait isolé ces quatre tranches, et raisonnons sur le nombre qu'elles fourniraient, comme s'il eût été question de trouver la racine $p^{ème}$ de ce nombre seulement :

On saura combien cette racine contient de dizaines, puisqu'on en connaîtra les trois premiers chiffres, — il ne s'agira plus que d'en chercher les unités ;

Or, le nombre formé des quatre premières tranches du nombre proposé, étant plus grand que la $p^{ème}$ puissance de sa racine prise par défaut, ou au moins égal à la $p^{ème}$ puissance de cette racine, si, par hasard, elle devait être exacte, sera, à plus forte raison, plus grand que la somme des deux parties que nous avons trouvées plus haut de cette $p^{ème}$ puissance et qui ne la composent pas tout entière, savoir : la $p^{ème}$ puissance des dizaines de la racine, c'est-à-dire du nombre composé des trois premiers chiffres de cette racine pris dans leur ordre, et d'un zéro placé à leur droite, et le produit de p fois la $(p-1)^{ème}$ puissance de ces mêmes dizaines par les unités inconnues.

Supposons donc que, du nombre formé des quatre premières tranches du nombre proposé, on eût retranché la $p^{ème}$ puissance du nombre formé des trois premiers chiffres de la racine et d'un zéro placé à leur droite (ce qui se fera en retranchant du nombre composé des trois premières tranches la $p^{ème}$ puissance du nombre composé des trois premiers chiffres de la racine et abaissant à leur droite tous les chiffres de la quatrième tranche), la différence surpassera le produit de p fois la $(p-1)^{ème}$ puissance du nombre formé des trois premiers chiffres et d'un zéro placé à leur droite

par le chiffre suivant; on obtiendra donc une limite supérieure
de ce chiffre en divisant la différence obtenue par p fois la
$(p-1)^{\text{ème}}$ puissance du nombre formé des chiffres déjà connus et
d'un zéro placé à leur droite.

La limite supérieure trouvée pourra dépasser le chiffre inconnu;
on aura donc à refaire les tâtonnements que nous avons décrits
plus haut, mais seulement à partir de cette limite et en descen-
dant, c'est-à-dire en prenant des nombres de moins en moins
grands.

En retranchant du nombre, formé des tranches sur lesquelles
on aura opéré, la $p^{\text{ème}}$ puissance du nombre formé de tous les
chiffres alors connus, en y comprenant celui qu'on aura trouvé
en dernier lieu, on préparera par là même la recherche des chiffres immédiatement suivants.

On les obtiendra donc tous successivement en suivant toujours
la même marche.

201. Nous avons expliqué comment on obtiendrait, à une approximation donnée quelconque, une racine, désignée par son
indice, d'un nombre entier, fractionnaire ou incommensurable :
pour ne laisser dans la théorie aucune lacune, nous devons, en
terminant, nous demander si la méthode donnera exactement la
racine cherchée, lorsque cette racine pourra être exprimée exactement.

Or, si le nombre donné étant entier, nous supposons d'abord
qu'on se soit proposé d'en obtenir, à une unité près, une racine
d'indice désigné, p, il est évident qu'on obtiendra la valeur
exacte de cette racine toutes les fois que le nombre donné sera la
$p^{\text{ème}}$ puissance exacte d'un autre nombre entier, et, comme il ne
pourrait être la $p^{\text{ème}}$ puissance d'une fraction irréductible quelconque, il en résulte que, dans l'hypothèse où nous raisonnons,
on ne pourra jamais manquer de tomber sur la valeur exacte de
la racine, lorsque cette racine sera commensurable.

En second lieu, si l'on s'était proposé d'obtenir, à une approximation désignée, $\dfrac{1}{m}$, la racine p d'un nombre entier, qui se trou-

vât justement être une puissance $p^{ème}$ exacte, comme tout nombre entier peut s'exprimer exactement en $m^{èmes}$ de l'unité, on serait encore tombé, dans ce cas, sur la valeur exacte de la racine. Au reste, si un nombre N est une puissance $p^{ème}$ exacte, n^p, le produit Nm^p de ce nombre par la $p^{ème}$ puissance du dénominateur, m, de l'approximation demandée, $\dfrac{1}{m}$, sera encore une puissance $p^{ème}$ exacte $(n . m)^p$; en appliquant donc la méthode, on trouverait la racine cherchée sous la forme $\dfrac{n . m}{m}$, au lieu de la trouver sous la forme plus simple n; mais, abstraction faite de la complication qu'on aurait introduite à tort dans les calculs, le résultat n'en serait pas moins le même.

Ainsi donc, toutes les fois que la racine d'un nombre entier sera exprimable, la méthode en fournira toujours la valeur exacte.

Il n'en est plus de même lorsque le nombre donné est fractionnaire.

Pour qu'un nombre fractionnaire irréductible, $\dfrac{A}{B}$, soit une puissance $p^{ème}$ exacte d'un autre nombre fractionnaire irréductible, $\dfrac{a}{b}$, $\dfrac{a^p}{b^p}$ ne pouvant être qu'irréductible, il faut que A et B soient respectivement égaux à a^p et b^p, c'est-à-dire qu'il faut que A et B soient des puissances $p^{èmes}$ exactes.

Cela étant, la racine p d'une fraction $\dfrac{A}{B}$, $p^{ème}$ puissance de $\dfrac{a}{b}$ pourra bien s'exprimer en $b^{èmes}$ de l'unité, ou en sous-multiples d'un $b^{ème}$ de l'unité; mais elle ne pourrait pas s'exprimer exactement sous forme de fraction dont le dénominateur fût autre qu'un multiple de b. Par conséquent, si l'on s'était proposé de trouver cette racine à une approximation prise au hasard, $\dfrac{1}{m}$, m n'étant pas un multiple exact de b, la marche du calcul ne mettrait pas en évidence la commensurabilité de la racine et serait encore plus éloignée d'en fournir la valeur exacte.

Ce que nous venons dé dire des nombres fractionnaires quelconques s'applique aussi bien aux nombres décimaux. Toutes les fois qu'on cherchera, d'un nombre décimal, une racine désignée, à une approximation irréductible à la forme décimale, on passera à côté de la valeur vraie de cette racine supposée exacte; mais, au contraire, on la trouverait immanquablement, si, cherchant à exprimer cette racine sous forme décimale, on poussait les calculs assez loin; c'est-à-dire si l'on déterminait de la racine un nombre de chiffres décimaux marqués par le quotient de l'ordre du dernier chiffre décimal du nombre proposé par l'indice de la racine.

Au reste, lorsqu'il s'agit d'un nombre fractionnaire, à moins qu'on n'ait lieu de préférer l'approximation décimale, ce qui, à la vérité, est le cas le plus général, au lieu d'en chercher la racine à une approximation prise au hasard, il y a toujours avantage à prendre, pour dénominateur de l'approximation, un multiple du dénominateur même du nombre fractionnaire proposé. Non-seulement, alors, on se réserve la possibilité de trouver la valeur exacte de la racine, mais, à approximation à peu près équivalente, les calculs sont plus simples.

En effet, pour avoir la racine p d'une fraction $\dfrac{A}{B}$, à $\dfrac{1}{m}$ près il faudrait multiplier $\dfrac{A}{B}$ par p^m, extraire la partie entière du produit, et ensuite la racine $p^{ème}$ de cette partie entière, qui serait le numérateur de la fraction cherchée; tandis que, pour avoir à $\dfrac{1}{nB}$ près la même racine, il faudrait multiplier $\dfrac{A}{B}$ par $n^p.\,B^p$, ce qui donnerait immédiatement l'entier $A.\,n^p.\,B^{p-1}$, et extraire la racine p de cet entier. Si $n.\,B$ différait peu de m, l'approximation serait à peu près équivalente, et l'on aurait évité une multiplication et une division opposées, à peu près inverses, et par conséquent superflues.

Il resterait l'hypothèse où le nombre proposé serait incommensurable; mais elle ne donne pas lieu à discussion, un nombre incommensurable ne pouvant avoir de racine commensurable d'aucun indice, puisque les puissances entières d'un nombre commensurable ne sauraient être incommensurables.

202. La théorie de l'extraction des racines, exactes ou approchées, d'indices quelconques, de nombres entiers, fractionnaires ou incommensurables, est complétement traitée dans ce qui précède.

Ainsi : nous n'aurions rien à ajouter aux explications que nous avons proposées en ce qui concernerait la réduction d'une question quelconque d'extraction de racine, à celle de l'extraction, à une unité près, de la racine d'un nombre entier.

La recherche du premier chiffre de la racine d'un nombre entier ne pourrait non plus donner lieu à aucune explication nouvelle.

Mais la détermination des chiffres suivants, quant à la pratique du calcul, pourra se simplifier jusqu'à un certain point.

Nous avons supposé qu'on sût seulement que la $p^{\text{ème}}$ puissance d'une somme $a + b$ dépasse la somme $a^p + pa^{p-1}b$, mais nous n'avons pas exprimé complétement cette $p^{\text{ème}}$ puissance $(a + b)^p$; on pourrait, par calcul direct, en obtenir le développement, pour une valeur quelconque de p, et, la loi de ce développement une fois connue, s'en servir pour simplifier les procédés d'extraction des racines d'indices correspondants.

Nous nous bornerons à compléter les explications qui précèdent, en ce, seulement, qui concerne l'extraction des racines carrées et cubiques.

Pour ne laisser subsister aucune lacune, et faciliter l'intelligence de la théorie générale, nous reprendrons, en détail, sur exemples numériques, l'exposition de la méthode, la démonstration des théorèmes, et l'explication des procédés de calcul.

EXTRACTION A UNE UNITÉ PRÈS DE LA RACINE CARRÉE D'UN NOMBRE ENTIER.

203. Supposons qu'on veuille à une unité près la racine carrée du nombre 21534786, ou la racine du plus grand carré entier contenu dans ce nombre.

On aura une première valeur approchée de cette racine, en comparant les carrés de **1, 10, 100, 1000, 10000**, etc., au nombre proposé.

Ce nombre étant plus grand que le carré de **1000**, qui est **1000000**, et moindre que le carré de **10000**, qui est **100000000**, on en conclura que sa racine est comprise entre **1000** et **10000**, et que par conséquent elle s'exprime par quatre chiffres.

Pour avoir le premier de ces chiffres, celui des mille, on pourrait faire les carrés de **1000, 2000, 3000**...., et poursuivre jusqu'à ce qu'on en trouvât un qui dépassât le nombre proposé ; mais ces carrés se formant de ceux de **1, 2, 3**...., qu'on ferait suivre chacun de six zéros, pour les comparer au nombre proposé, **21534786**, il suffira d'en comparer la partie significative à la partie à gauche des six derniers chiffres de ce nombre, c'est-à-dire à **21**.

Le plus grand carré contenu dans **21** étant **16** dont la racine carrée est **4**, la racine cherchée sera comprise entre **4000** et **5000**.

Connaissant le chiffre, **4**, des mille de la racine cherchée, pour en avoir le chiffre des centaines, on pourrait faire les carrés de **4100, 4200, 4300**, etc., et poursuivre jusqu'à ce qu'on en trouvât un qui surpassât le nombre proposé ; mais ces carrés se formant de ceux de **41, 42, 43**..... que l'on ferait suivre chacun de quatre zéros, pour les comparer au nombre proposé **21534786**, il suffira d'en comparer la partie significative à la partie à gauche des quatre derniers chiffres de ce nombre, c'est-à-dire à **2153**.

La question étant ainsi ramenée à trouver le second chiffre de la racine carrée du plus grand carré contenu dans **2153**, on remarquera que **2153** ne pouvant être moindre que le carré de sa racine approchée en moins à une unité, et que, d'ailleurs, le carré de cette racine se composant du carré des dizaines qui y entrent, $\overline{40}^2$ ou **1600**, du produit du double de ces dizaines par les unités qui y sont ajoutées, et du carré de ces mêmes unités : si on retranche à **2153** le carré des dizaines de sa racine **1600**, le reste **553** ne pourra être que supérieur au produit du double de la partie déjà connue de la racine, **80**, par le chiffre encore inconnu de cette racine, et que, par conséquent, si l'on divisait

553 par 80, le quotient fournirait tout au moins une limite supérieure du chiffre des unités.

Ce quotient, qu'on obtiendra en divisant 55 par 8, étant 6, on en conclura que le second chiffre de la racine de 2153 ne peut dépasser 6, mais comme il pourrait être 5, 4, 3, 2, 1 ou 0, on devra, pour savoir ce qu'il en est, comparer le carré de 46 à 2152.

On pourrait faire ce carré directement; mais en ayant déjà formé la première partie, 1600, et l'ayant retranchée de 2153, il suffira d'en former les deux autres, 80×6 et 6^2, pour comparer la somme qu'elles donneront au reste 573.

On simplifie le calcul de la somme de ces deux dernières parties en en ramenant la recherche à une seule opération : on place le chiffre à essayer à droite du double de la partie déjà connue de la racine; le nombre ainsi formé se composant du double des dizaines connues et des unités qu'on veut soumettre à vérification, on le multiplie par le chiffre à essayer, et l'on obtient par un seul calcul le produit du double des dizaines connues par les unités à essayer, ajouté au carré de ces unités.

Dans l'exemple, on multipliera 86 par 6; le produit 516 étant moindre que 573, on en conclura que la racine de 2153 est comprise entre 46 et 47, et que, par suite, la racine de 21534786 est comprise entre 4600 et 4700.

Connaissant le chiffre des mille, 4, et celui des centaines, 6, de la racine cherchée, pour en avoir le chiffre des dizaines, on pourrait faire les carrés de 4610, 4620, 4630, etc., et poursuivre jusqu'à ce qu'on en trouvât un qui surpassât 21534786. Mais, la comparaison de ces carrés au nombre proposé revenant à la comparaison de leurs parties significatives $\overline{461}^2$, $\overline{462}^2$, etc., à la partie à gauche des deux derniers chiffres de ce nombre, c'est-à-dire à 215347, il en résulte que le chiffre des dizaines de la racine du nombre total ne différera pas du chiffre des unités de la racine de la partie 215347.

La question étant ainsi ramenée à trouver le troisième chiffre de la racine carrée du plus grand carré contenu dans 215347, on remarquera, comme précédemment, que 215347 ne pouvant être moindre que le carré de sa racine, approchée à une unité, c'est-à-dire que la somme du carré des dizaines qui entrent dans cette racine, $\overline{460}^2$, du produit du double de ces dizaines par les unités qui y sont ajoutées et du carré de ces unités : si on retranche à 215347 le carré des dizaines de sa racine, le reste ne pourra être que supérieur au produit du double de ces dizaines, 460×2 ou 920, par le chiffre encore inconnu, et que par conséquent, si l'on divisait ce reste par 920, le quotient fournirait tout au moins une limite supérieure du chiffre des unités.

Le carré de 460 se terminerait par deux zéros ; retrancher ce carré du nombre 215347, reviendrait donc à en retrancher la partie significative, $\overline{46}^2$, de 2153, et à abaisser à la droite du reste les deux derniers chiffres 4, 7 de 215347 ; mais les opérations précédentes ont déjà fourni les parties du carré de 46 et l'une d'elles, même, 1600, a été retranchée de 2153 ; cette soustraction a donné pour reste 553 ; il ne reste donc plus à retrancher de ce reste, 553, que l'autre partie 516 trouvée plus haut. Cette dernière soustraction donne pour reste 37, en sorte que 215347, diminué du carré de 460, donne en définitive 3747, et il reste à diviser cette différence, 3747, par le double de 460, pour avoir une limite supérieure du chiffre cherché.

Le double de 460 est 920, et le quotient de 3747 par 920, quotient qu'on obtiendra en divisant 374 par 92, est 4 ; on en conclut que le troisième chiffre de la racine de 215347 ne saurait dépasser 4 ; mais comme il pourrait être moindre, on devra, pour savoir exactement ce qu'il en est, comparer le carré de 464 à 215347.

Pour former le carré de 464 et le retrancher de 215347, comme on en a déjà calculé et retranché une des parties, $\overline{460}^2$, il suffira de calculer et retrancher l'autre, $(460 \times 2) \times 4 + 4^2$, ou $920 \times 4 + 4^2$, ou 924×4 : le produit de 924 par 4 donne 3696, et 3696, pouvant se retrancher de 3747, on en conclut que la racine de 215347 est bien 464, c'est-à-dire que la racine de 21534786 est comprise entre 4640 et 4650.

On obtiendrait enfin le dernier chiffre de cette racine par des raisonnements et des calculs entièrement analogues à ceux qui précèdent.

3696 retranchés de 3747 donnent 51 pour reste, .a limite supérieure du chiffre encore inconnue est la partie entière du quotient de 5186 par le double de 4640 ou par 9680. Ce quotient est moindre que 1, le dernier chiffre de la racine de 21534786 est donc 0, et cette racine, en définitive, est comprise entre

$$4640 \quad \text{et} \quad 4641.$$

Le tableau suivant indiquera suffisamment comment, dans la pratique, on dispose l'opération :

21.53.47.86	4640		
55.3			
516	86	924	928
	6	4	
374.7	516	3696	
3696			
518.6			

Le nombre proposé 21534786 ayant été décomposé, à partir de la droite, en tranches de deux chiffres chacune, et en contenant quatre, ce qui indique que sa racine aura quatre chiffres, on prend la racine du plus grand carré entier contenu dans le nombre formé de la première tranche à gauche. Cette racine (ici 4) est toujours moindre que 10 ; le chiffre qui l'exprime est le premier chiffre de la racine du nombre total ; on l'inscrit à la droite de ce nombre.

On soustrait le carré de ce chiffre du nombre formé de la première tranche du nombre proposé, et, à droite du reste obtenu, on abaisse la seconde tranche.

Dans l'exemple, on a retranché 16 de 21, ce qui a donné 5, et à droite de ce reste on a écrit les chiffres 5 et 3, qui formaient la seconde tranche du nombre proposé.

On sépare par un point le dernier chiffre du reste obtenu, et on divise la partie à gauche par le double du premier chiffre de la racine; le quotient fournit une limite supérieure du second chiffre de la racine.

Dans l'exemple, on a séparé le dernier chiffre 3 du reste, divisé la partie à gauche 55 par 8 et obtenu pour quotient 6.

Pour essayer ce chiffre, on le place à droite du double du premier chiffre de la racine, et on multiplie le nombre ainsi formé par le chiffre même à essayer; le produit doit être moindre que le reste précédemment obtenu.

Dans l'exemple, on a placé le chiffre 6, à essayer, à droite du double du premier chiffre de la racine, ce qui a donné 86; on a multiplié 86 par 6, ce qui a donné 516, et ce nombre étant moindre que le reste 553 de l'opération précédente, on en a conclu que 6 était bien le second chiffre de la racine cherchée; dans le cas où le contraire fût arrivé, on aurait diminué d'une, de deux, etc., unités le chiffre à essayer, jusqu'à ce qu'on arrivât à un chiffre assez faible pour qu'il pût remplir la condition voulue.

Le produit obtenu étant moindre que le reste précédent, on l'en soustrait, et, à droite du résultat de cette soustraction, on abaisse les chiffres composant la troisième tranche du nombre proposé; on a ainsi un troisième reste.

Dans l'exemple, conformément à cette règle, on a obtenu pour troisième reste 3747.

On sépare par un point le dernier chiffre de ce reste, et on divise le nombre formé des autres par le double du nombre formé des deux premiers chiffres de la racine; le nouveau quotient fournit une limite supérieure du troisième chiffre.

Dans l'exemple, on a séparé le chiffre 7 du reste, divisé le nombre formé des autres, 374, par 92 et obtenu 4 pour quotient.

On essaye ce quotient en le plaçant à droite du double du nombre formé des chiffres déjà connus de la racine, et, multipliant le nombre obtenu de cette manière par le chiffre même que l'on essaye, le produit ne doit pas surpasser le troisième reste.

On continue ainsi, les opérations se succédant toujours dans le même ordre, jusqu'à ce qu'on ait épuisé toutes les tranches du nombre proposé.

EXTRACTION, A UNE UNITÉ PRÈS, DE LA RACINE CUBIQUE D'UN NOMBRE ENTIER.

204. Proposons-nous maintenant d'extraire, à une unité près, la racine cubique d'un nombre entier, tel que 88624817, par exemple, ou d'obtenir la racine du plus grand cube entier contenu dans ce nombre :

On aura une première valeur approchée de cette racine en comparant au nombre proposé les cubes de 1, 10, 100, etc.; ce nombre étant, en effet, plus grand que le cube de 100, qui est 1.000.000 et moindre que celui de 1.000, qui est 1.000.000.000; on en conclura que sa racine est comprise entre 100 et 1000, et que, par conséquent, elle s'exprime par trois chiffres.

Pour avoir le premier de ces chiffres, celui des centaines, on pourrait faire les cubes de 100, 200, 300, etc., et poursuivre jusqu'à ce qu'on en trouvât un qui surpassât le nombre proposé ; mais, ces cubes se formant de 1, 2, 3..., qu'on ferait suivre chacun de six zéros, pour les comparer au nombre proposé 88.624.817, il suffira d'en comparer la partie significative à la partie à gauche des six derniers chiffres, c'est-à-dire à 88.

Le plus grand cube contenu dans 88 étant 64, dont la racine est 4, on en conclura que la racine cherchée surpasse 400 et est moindre que 500.

Connaissant le chiffre 4 des centaines de la racine cherchée, pour en avoir le chiffre des dizaines, on pourrait faire les cubes de 410, 420, 430..., et poursuivre jusqu'à ce qu'on en trouvât un qui surpassât le nombre proposé; mais, ces cubes se formant de ceux de 41, 42, 43..., que l'on ferait suivre chacun de trois zéros, pour les comparer au nombre proposé 88.624.817, il suffira d'en comparer la partie significative à la partie à gauche des trois derniers chiffres de ce nombre, c'est-à-dire à 88624.

La question étant ainsi ramenée à trouver le second chiffre de la racine cubique du plus grand cube contenu dans 88624, on remarquera que 88624 ne pouvant être moindre que le cube de sa racine cubique, approchée à une unité près en moins, et que, d'ailleurs, le cube de cette racine se composant du cube des dizaines qui y entrent, $\overline{40}^3$ ou 64000, du produit du triple du carré de ces dizaines par les unités qui y sont ajoutées, du produit du triple des dizaines par le carré des unités, et enfin du cube de ces mêmes unités, on remarquera, disons-nous, que si à 88624 on retranche le cube des dizaines de sa racine, 64000, le reste 24624 ne pourra être que supérieur au produit du triple du carré de la partie déjà connue de la racine, $3 \times \overline{40}^2$, ou 4800, par le chiffre encore inconnu de cette racine, et que, par conséquent, si l'on divisait 24624 par 4800, le quotient fournirait tout au moins une limite supérieure du chiffre cherché.

Ce quotient, qu'on obtiendra en divisant 246 par 48, étant 4, on en conclura que le second chiffre de la racine de 88624 ne peut être plus grand que 4 ; mais, comme il pourrait être moindre, on devra, pour savoir exactement ce qu'il en est, comparer le cube de 44 à 88624.

On pourrait faire ce cube directement, mais en ayant déjà formé la première partie 64000, et l'ayant retranchée de 88624, il suffira d'en former les trois autres $3 \times \overline{40}^2 \times 4 + 3 \times 40 \times 4^2 + 4^3$; et de comparer la somme qu'elles donneront au reste 24624.

Ces trois parties 19200, 1920 et 64 donnent pour somme 21184 qui est moindre que le reste 24624 ; la racine cubique de 88624 est donc bien comprise entre 41 et 42, et par suite, la racine cubique de 88624817 est elle-même comprise en 410 et 420.

Connaissant le chiffre des centaines et celui des dizaines de la racine cherchée, pour en avoir celui des unités, on pourrait de nouveau former les cubes de 441, 442, 443, etc., et poursuivre jusqu'à ce qu'on en trouvât un qui surpassât le nombre proposé ; mais, en répétant l'usage du même artifice qui a déjà servi, on préférera remarquer que 88624817 ne pouvant être moindre que le cube de sa racine cubique approchée à une unité en moins, et que, d'ailleurs, cette racine se composant du cube des dizaines qui y entrent du triple produit du carré de ces dizaines par les unités qui y sont ajoutées, du triple du produit des dizaines par les unités, et enfin du cube de ces unités, on remarquera, disôns-nous, que si à 88624817 on retranche le cube des dizaines de sa racine $\overline{440}^3$, le reste obtenu ne pourra être que supérieur au produit du triple du carré de ces dizaines par le chiffre inconnu des unités, et que, par conséquent, si l'on divisait ce reste par le triple du carré des dizaines de la racine, le quotient fournirait tout au moins une limite supérieure du chiffre cherché des unités.

Le cube de 440 se terminerait par trois zéros : retrancher ce cube de 88624817 reviendrait donc à en retrancher la partie significative, $\overline{44}^3$, de 88624 et à abaisser à la droite du reste obtenu les trois derniers chiffres 8, 1, 7 de 88624817 ; mais les opérations précédentes ont déjà fourni les parties du cube de 44, et l'une d'elles même, 64000, a déjà été retranchée de 88624, et a donné 24624 pour différence ; il ne reste donc plus qu'à retrancher de 24624 la somme déjà obtenue 21184 des autres parties.

Cette dernière soustraction donne 2440 pour reste, de sorte que 88624817, diminué du cube des dizaines de sa racine, donnant 2440817, pour avoir une limite supérieure du dernier chiffre à connaître, on devra diviser ce dernier reste 2440817 par le triple du carré de 440.

Le carré de 440 est 193600, et le triple de ce carré, 580800 ; le quotient, qu'on obtient en divisant 24408 par 5808, est d'ailleurs 4, et il en résulte que le chiffre des unités de la racine cherchée ne saurait surpasser 4 ; mais, comme il pourrait être moindre, on devra, pour savoir exactement ce qu'il en est, comparer le cube de 414 au nombre donné 87624817.

Pour former le cube de 414 et le retrancher de 88624817, comme on en a déjà retranché une des parties $\overline{440}^3$, il suffira de calculer et retrancher l'autre $3\times\overline{440}^2\times 4\times 3 + 440\times 4^2 + 4^3$; le calcul donne pour cette somme 2344384, qui est moindre que 2440817, et il en résulte que le chiffre 4 n'est pas trop fort ; par conséquent, enfin, la racine cubique du plus grand cube entier contenu dans 88624817 est 444, ou autrement : la racine cubique de 88624817 est comprise entre 444 et 445. — 88624817 surpasse d'ailleurs de 96433 le cube de sa racine 444.

Le tableau suivant indiquera comment, dans la pratique, on dispose l'opération :

$$
\begin{array}{ll|ll}
& 88624817 & 444 & \\
\text{1}^\text{er}\text{ reste } & 64 & 16 & 5808 \\
& \overline{24624} & 3 & \\
& 21184 & \overline{48} & \\
\text{2}^\text{e}\text{ reste } & 2440817 & & \\
& 2344384 & & \\
& \overline{96433} & &
\end{array}
$$

$$
\begin{array}{lll}
3 \times \overline{40}^2 = 4800 & 3 \times 40 = 120 & \\
\phantom{3 \times \overline{40}^2 =} 4 & 4^2 = 16 & 4^3 = 64 \\
3 \times \overline{40}^2 \times 4 = 19200 & \overline{720} & 1920 \\
& 120 & 19200 \\
& 3 \times 40 \times 4^2 = 1920 & \text{Total} = 21184
\end{array}
$$

$$
\begin{array}{lll}
44 & 580800 & 440 \\
44 & 4 & 3 \\
\overline{176} & 3 \times \overline{440}^2 \times 4 = 2323200 & 3 \times 440 = 1320 \\
176 & & 4^2 = 16 \quad 4^3 = 64 \\
\overline{44^2 = 1936} & & \overline{7920} \\
3 & & 1320 \\
3 \times \overline{44}^2 = 5808 & & 3 \times 440 \times 4^2 = 21120
\end{array}
$$

$$
\begin{array}{r}
2323200 \\
21120 \\
64 \\
\hline
2344384
\end{array}
$$

DES APPROXIMATIONS CORRESPONDANTES DES NOMBRES ET DE LEURS RACINES.

205. Nous avons supposé, dans ce qui précède, les nombres dont on demandait les racines, donnés exactement, ou donnés, du moins, dans des formules qui permissent d'en calculer la va-

leur avec une approximation aussi grande que cela serait nécessaire pour qu'il n'en résultât pas d'erreur dans la racine prise à
l'approximation désirée.

Pour avoir, à une unité près, la racine p d'un nombre, il
suffit de connaître la partie entière de ce nombre, et, pour
en avoir la racine p à $\frac{1}{m}$ près, il suffit de connaître la partie
entière du quotient de ce nombre par $\frac{1}{m^p}$. Nous avons, dans ce
qui précède, supposé le nombre donné assez exactement pour
qu'on en pût avoir, selon le besoin, soit la partie entière simplement, soit le nombre de $\frac{1}{m^p}$ qu'il contenait. Or, la plupart du
temps, le nombre proposé ne pourra être connu qu'à une certaine approximation; par conséquent, il sera impossible d'en
obtenir la racine p à un degré illimité d'approximation.

L'incertitude dans le nombre entraînera une incertitude correspondante dans sa racine, et il serait entièrement vain de
chercher à évaluer cette racine à un degré d'approximation qui
dépassât la limite de l'erreur qu'elle porte en elle-même, en raison de l'imperfection des données qui la déterminent.

Il est donc important, en supposant un nombre donné par
excès ou par défaut, en erreur de moins d'une quantité assignée,
de rechercher quelle sera la limite de l'incertitude qui pèsera sur
sa racine d'un indice désigné.

Cette question n'a pas seulement l'importance propre que lui
attribuent les considérations mêmes qui l'ont fait naître; la solution qu'on en trouvera montrera qu'on avait assigné, dans les
numéros précédents, à l'approximation à laquelle devait être calculé un nombre, pour que sa racine pût être ensuite obtenue à
$\frac{1}{m}$ près, une limite $\frac{1}{m^p}$ beaucoup trop étendue, qu'il s'en faut
beaucoup que l'approximation de $\frac{1}{m^p}$ soit nécessaire, et qu'on
pourra, en conséquence, réduire de beaucoup les calculs
préalables qui devraient fournir le nombre dont on vou-

lait avoir la racine p à $\dfrac{1}{m}$. Enfin, une méthode plus rapide de calcul, pour l'évaluation approximative des racines, naîtra de ces recherches nouvelles.

206. La question qui va nous occuper paraîtrait au premier abord devoir être plus compliquée que les questions d'approximations qui ont été traitées plus haut.

Les racines des nombres, même supposés exacts, ne pouvant pas, en effet, être habituellement évaluées d'une manière entièrement exacte, l'erreur dont sera entachée la racine d'un nombre, déjà imparfaitement donné, résultera à la fois de l'erreur commise dans l'évaluation de ce nombre et de l'erreur commise dans l'évaluation de sa racine calculée comme s'il était exact.

Cependant, la racine d'un nombre supposé exact pouvant toujours être calculée avec une approximation aussi grande qu'on le veut, on pourrait toujours, en fait, réduire l'une des causes d'erreur à presque rien en comparaison de l'autre ; et, par conséquent, en logique, on pourra la négliger.

Dans ce qui va suivre, en parlant de la racine d'un nombre, nous entendrons donc parler de sa racine indéfiniment approchée, et nous raisonnerons comme s'il était possible d'obtenir exactement cette racine.

207. Soit A la valeur approchée par défaut, par exemple, d'un nombre qui devrait être $A + \alpha$, α étant ainsi l'erreur commise dans l'évaluation de ce nombre ; soit a la racine p, approchée autant qu'on le voudra de A, et $a + x$ la racine p, également indéfiniment approchée de $A + \alpha$: a^p sera égal à A, ou du moins en différera indéfiniment peu, et $(a + x)^p$ sera égal à $A + \alpha$ ou en différera indéfiniment peu : α sera donc égal à $(a + x)^p - a^p$, ou en différera indéfiniment peu.

La différence $(a + x)^p - a^p$ est plus grande que $p a^{p-1} x$, $p.a^{p-1}.x$ sera donc moindre que α ; et, par conséquent, x sera moindre que $\dfrac{\alpha}{p a^{p-1}}$.

Ainsi, l'erreur de la racine p d'un nombre, correspondante à l'erreur, par défaut, de ce nombre, est moindre que le quotient de cette dernière par p fois la $(p-1)^{ème}$ puissance de la racine exacte du nombre approché.

Cette formule fournirait une limite de l'erreur de la racine, par rapport à l'erreur vraie, du nombre approché et à la racine exacte de ce nombre approché ; mais habituellement on ne connaîtra ni l'erreur vraie du nombre approché, ni la racine exacte de ce nombre ; il vaudra donc mieux dire :

L'erreur de la racine p *d'un nombre, correspondante à l'erreur par défaut de ce nombre, est moindre que le quotient de la limite supérieure de l'erreur du nombre par* p *fois la* $(p-1)^{ème}$ *puissance de la racine approchée par défaut.*

On trouverait naturellement la même expression pour représenter l'erreur de la racine p d'un nombre, correspondante à l'erreur, par excès, de ce nombre ; à la vérité, les deux nombres approché et exact étant maintenant $A + \alpha$ et A, et leurs racines $a + x$ et a, la différence de ces racines se présenterait exprimée, par excès, sous la forme : $\dfrac{\alpha}{pa^{p-1}}$, a représentant dans cette formule la racine vraie du nombre vrai, au lieu de la racine vraie du nombre approché ; mais, outre que la différence sera dans la pratique toujours assez faible pour être négligeable, il est clair que si, pour traduire la formule du nombre, on substitue à a la racine du nombre approché, évaluée par défaut assez grossièrement, comme cela doit se faire dans tous les cas, cette valeur de a sera toujours une valeur approchée par défaut de la racine du nombre vrai, et ainsi les deux cas tombent sous la même règle.

Appliquée aux deux cas usuels de la racine carrée et de la racine cubique, cette règle s'énoncera :

L'erreur de la racine carrée d'un nombre, correspondante à l'erreur de ce nombre, est moindre que le quotient de la limite supérieure de l'erreur du nombre par le double de sa racine prise par défaut ; et l'erreur de la racine cubique d'un nombre, correspondante à l'erreur de ce nombre, est moindre que le quotient de la limite supérieure de l'erreur du nombre par le triple du carré de sa racine prise par défaut.

208. On peut maintenant tirer des formules qui viennent d'être établies les réponses aux deux questions inverses l'une de l'autre, que nous avions en vue :

1° Un nombre étant donné avec une certaine approximation, avec quelle approximation pourra-t-on en calculer la racine p ?

2° Avec quelle approximation devra-t-on calculer un nombre dont on connaîtra deux limites, grossièrement prises, par excès et par défaut, pour pouvoir ensuite obtenir la racine p de ce nombre avec une approximation donnée ?

La formule même donne la réponse à faire à chacune de ces questions; mais nous en ferons une application spéciale au cas où l'énoncé serait posé dans ces termes : un certain nombre des premiers chiffres d'un nombre étant donné, combien pourra-t-on en calculer de sa racine sur lesquels ne porte aucune incertitude? Et, réciproquement, pour pouvoir obtenir un certain nombre des premiers chiffres de la racine d'un nombre, combien faudrait-il connaître des premiers chiffres de ce nombre?

Nous supposerons d'abord qu'on ait donné la partie entière d'un nombre, cette partie entière contenant m tranches de p chiffres; il s'agira de savoir combien on pourra calculer de chiffres entiers ou décimaux de sa racine sur lesquels ne porte aucune incertitude.

Si le nombre a m tranches de p chiffres, la dernière pouvant être incomplète, sa racine p a m chiffres entiers; elle est donc plus grande que 10^{m-1}; l'erreur de la racine correspondante à l'erreur du nombre est donc moindre que

$$\frac{1}{p \cdot 10^{(m-1)(p-1)}}, \quad \text{ou} \quad \frac{1}{p}\, \frac{1}{10^{mp-m-p+1}}.$$

Les $(mp - m - p + 1)$ premiers chiffres décimaux de la racine sont donc hors de doute, et, en y joignant les m chiffres entiers, on voit que $mp - p + 1$ ou $(m - 1)\,p + 1$ des premiers chiffres de la racine sont sûrs; le nombre proposé a de $(m-1)\,p$ à $mp + 1$ chiffres, sa dernière tranche à gauche pouvant être incomplète; on voit donc que *la racine a toujours au moins autant de chiffres exacts que le nombre proposé, sa dernière tranche à gauche n'étant comptée que pour un seul chiffre.*

Ainsi, si un nombre entier contient $2m$ chiffres, les $2(m-1) + 1$ ou $2m-1$ premiers chiffres de sa racine carrée seront sûrs, et s'il en contient $2m-1$, les $2m-1$ premiers chiffres de sa racine seront également sûrs.

Dans le premier cas, on pourra calculer la racine avec un chiffre de moins seulement que le nombre n'en a; dans le second, on pourra la calculer avec autant de chiffres.

209. Si avec la partie entière d'un nombre on donnait un certain nombre de ses premiers chiffres décimaux, pour juger de l'approximation avec laquelle on pourrait calculer la racine, on ramènerait la question au cas précédent, en transportant la virgule de p, ou $2p$, ou $3p$ rangs vers la droite dans le nombre proposé, de manière à faire passer à gauche de la virgule tous les chiffres donnés, dont le dernier pourrait alors occuper un rang décimal quelconque, depuis les unités simples jusqu'à celles de l'ordre 10^{p-1}; la racine p aurait été, par là, multipliée par 10, ou 100, ou 1000, et son erreur en même temps qu'elle, de sorte qu'en calculant l'erreur de la racine du nombre transformé, on n'aurait ensuite qu'à la diviser par 10, ou 100, ou 1000, pour avoir l'erreur de la racine du nombre qui était proposé. D'un autre côté, dans le calcul de la racine du nombre transformé, il faudrait prendre pour erreur du nombre, α, la puissance de 10, marquée par le nombre de zéros qui suivraient le dernier chiffre significatif, et alors on retomberait sur la règle donnée précédemment, relativement aux nombres correspondants de chiffres non douteux, dans le nombre et dans la racine.

Si l'on ne donnait que les premiers chiffres de la partie entière d'un nombre, c'est-à-dire si, dans l'évaluation de ce nombre, on n'avait pas été jusqu'aux unités simples, on emploierait en sens inverse le même artifice que dans le cas précédent, et on retomberait sur la même règle. Il n'est pas nécessaire que j'entre à cet égard dans plus de détails; le lecteur remplira aisément le cadre de la démonstration.

210. Examinons maintenant la question inverse, où il s'agirait de savoir combien il faudrait donner des premiers chiffres d'un nombre pour qu'on pût obtenir un certain nombre des premiers chiffres de sa racine p.

Il n'y aurait évidemment qu'à renverser la proposition à laquelle nous a conduits la question précédente, pour former la réponse à celle qui va nous occuper; mais il sera préférable de la traiter directement; elle se subdiviserait naturellement en trois cas, selon qu'on demanderait toute la partie entière de la racine, quelques-uns seulement des premiers chiffres de cette partie entière, ou enfin la partie entière et encore quelques chiffres décimaux; mais nous les ferons aisément rentrer tous trois dans un seul en observant : 1° que si l'on a à calculer les m premiers chiffres de la racine p d'un nombre, on connaîtra toujours d'abord l'ordre décimal du premier de ces chiffres, puisqu'il ne dépendra que du rang du premier chiffre du nombre proposé, et aussi, par suite, l'ordre du dernier; 2° que si l'on se proposait, pour obtenir les m premiers chiffres de la racine, d'appliquer les méthodes de calculs exposées plus haut, on connaîtrait le rang décimal du dernier chiffre du nombre proposé qui, d'après ces méthodes, devrait entrer dans les calculs à faire; 3° que ces calculs se feraient alors comme si le dernier chiffre employé du nombre représentait des unités simples, et 4° enfin que la question ne sera, par conséquent, que de savoir combien il faudrait connaître des premiers chiffres d'un nombre pour pouvoir calculer la partie entière de sa racine, sachant qu'elle doit avoir m chiffres.

Pour résoudre cette question, il suffit évidemment de savoir quelle peut être au plus la différence entre deux nombres entiers dont les racines exprimées, à moins d'une unité près, en plus ou en moins, seraient représentées par le même nombre entier.

Il est évident, en effet, qu'on saura par là ce qu'on pourrait ajouter ou retrancher à un nombre, dont la racine devrait avoir m chiffres, sans que cette racine en fût augmentée ou diminuée d'une unité; on saurait donc quelle partie de ce nombre on pourrait négliger lorsqu'elle serait donnée, qu'il serait inutile de connaître, lors même qu'on aurait les moyens de la trouver, ou enfin dont on pourra se passer, ne l'ayant pas à sa disposition.

Or, si à un nombre entier de m chiffres, a, on ajoute une unité, la $p^{ème}$ puissance de ce nombre augmente de plus de $p \cdot a^{p-1}$, par conséquent de plus de $p(10^{m-1})^{p-1}$, à *fortiori* encore, de plus de $10^{(m-1)(p-1)}$, ou $10^{mp-m-p+1}$; cette différence s'exprime donc par un nombre de plus de $mp - m - p + 1$ chiffres, et, par conséquent, si à un nombre entier dont la racine p doit avoir m chiffres, on ajoute ou retranche un nombre de $mp - m - p + 1$ chiffres au maximum, sa racine p n'en augmente ou diminue que de moins d'une unité; par conséquent enfin, d'un nombre entier contenant m tranche de p chiffres (la dernière à gauche pouvant en avoir moins de p), les $mp - m - p + 1$ derniers n'influent pas sur sa racine p, évaluée à une unité près; ces $mp - m - p + 1$ derniers chiffres sont donc inutiles à connaître.

Si la dernière tranche à gauche du nombre est complète, il a mp chiffres, de ces mp chiffres, $mp - m - p + 1$ sont inutiles à connaître, il y en a donc seulement $m + p - 1$, qui concourent à la formation de sa racine. Mais si la dernière tranche à gauche n'a qu'un seul chiffre, il en reste encore moins d'utiles; dans ce cas, le nombre, en effet, n'a plus que $(m - 1)p + 1$ chiffres ou $mp - p + 1$; il y en a $mp - m - p + 1$ d'inutiles, il n'en reste donc que m qui soient inutiles.

Ces deux énoncés peuvent rentrer dans un seul qui impose, à la vérité, un chiffre de plus au nombre, mais qui est plus commode à retenir; c'est que, *outre la première tranche de gauche du nombre, il faut donner encore de ce nombre autant de chiffres qu'on en veut calculer à sa racine;* c'est, dans un ordre inverse, précisément la même réponse qui avait été faite à la question inverse.

MÉTHODE ABRÉGÉE DE CALCUL POUR LES EXTRACTIONS DE RACINES.

211. D'après ce qui a été dit dans les numéros qui précèdent, il

s'en faut beaucoup que tous les chiffres de la partie entière d'un nombre soient indispensables à connaître, pour qu'il soit ensuite possible d'extraire la racine de ce nombre à une unité près. Or, cette remarque en suggère immédiatement une autre.

Si les derniers chiffres d'un nombre n'influent pas sur sa racine, ils ne doivent pas entrer dans les calculs nécessaires à l'évaluation de cette racine, les méthodes de calcul qui les y font entrer peuvent donc être simplifiées ; par conséquent, les opérations qu'elles prescrivent peuvent être remplacées par d'autres plus rapides et moins laborieuses.

En effet, à mesure qu'augmente le nombre des chiffres déjà connus de la racine, la partie encore inconnue diminue, le reste de l'opération, arrêtée où l'on en est, diffère de moins en moins de p fois le produit de la $(p-1)^{\text{ème}}$ puissance de la partie déjà connue par la partie encore inconnue ; le quotient de ce reste par p fois la $(p-1)^{\text{ème}}$ puissance de la partie connue doit donc différer de moins en moins de la partie inconnue ; par conséquent, enfin, il doit arriver un moment où la différence devienne moindre qu'une unité, et à ce moment la partie inconnue peut être fournie, à moins d'une unité près, par une simple division.

Pour pouvoir préciser les circonstances où l'on pourra ainsi remplacer le calcul direct des derniers chiffres de la racine par une simple division, il faudrait connaître, en son entier, le développement de la puissance, marquée par l'indice de la racine à extraire, d'une somme composée de deux parties ; la formule de ce développement donnerait la composition exacte du reste de l'opération, arrêtée au point où l'on en est, par rapport aux deux parties, l'une déjà connue, l'autre encore ignorée de la racine, et l'examen de cette loi de composition montrerait dans quels cas le reste pourrait être, sans inconvénient, regardé comme se réduisant à sa première partie p fois le produit de la $(p-1)^{\text{ème}}$ puissance de la partie connue de la racine par la partie inconnue.

Mais, comme ces recherches n'auraient pas d'utilité pratique, nous nous bornerons au cas de la racine carrée.

Soient N le nombre dont on veut avoir la racine carrée, a la partie déjà connue de cette racine, et x la partie inconnue indéfiniment approchée, N sera égal au carré de $a + x$, c'est-à-dire à $a^2 + 2ax + x^2$, on aura retranché a^2 de N et obtenu un reste R, qui sera donc égal à $2ax + x^2$.

Si l'on divise R par $2a$, que q soit la partie entière du quotient de cette division, et r le reste, $q + \dfrac{r}{2a}$ sera donc égal à $x + \dfrac{x^2}{2a}$, la différence entre q et x sera donc égale à la différence entre $\dfrac{x^2}{2a}$ et $\dfrac{r}{2a}$; si donc cette différence entre $\dfrac{x^2}{2a}$ et $\dfrac{r}{2a}$ est moindre qu'une unité, q et x différeront aussi entre eux de moins d'une unité.

Or, $\dfrac{r}{2a}$ sera toujours moindre que 1, le moment donc où $\dfrac{x^2}{2a}$ deviendra moindre que 1 sera celui où la méthode de calcul pourra changer.

Cela posé, il ne reste plus à répondre qu'à cette question : Que doivent être, l'un par rapport à l'autre, les nombres de chiffres connus et inconnus de la racine carrée d'un nombre, pour qu'on puisse affirmer que le double de la partie de la racine représentée par les chiffres déjà connus surpasse le carré de la partie inconnue?

Il y a deux cas à examiner dans cette question, selon que le nombre des chiffres de la racine doit être pair ou impair.

Supposons d'abord que le nombre des chiffres de la racine doive être impair, $2n+1$; si l'on en connaît déjà $n+1$, la partie inconnue n'aura plus que n chiffres entiers, et son carré n'en aura que $2n$ au plus, tandis que la partie connue, et à plus forte raison le double de cette partie, en aura $2n + 1$; le double de la partie connue surpassera donc alors le carré de la partie inconnue.

Supposons maintenant que le nombre des chiffres de la racine doive être pair, $2n$; si l'on en connaît déjà $n+1$, la partie inconnue n'aura plus que $n - 1$ chiffres entiers, et son carré n'en aura que $2n - 2$ au plus, tandis que le double de la partie connue

15

en aura au moins $2n$; le double de la partie connue surpassera donc encore le carré de la partie inconnue.

Ainsi, en résumé, quand on a calculé plus de la moitié des chiffres de la racine carrée d'un nombre, on peut trouver les autres par la simple division du reste de l'opération, arrêtée au point où elle en est, par le double de la partie déjà connue de la racine.

Le quotient fournit la partie inconnue, à une unité près, en plus ou en moins. On peut, d'ailleurs, toujours savoir s'il est trop fort ou trop faible. En effet, l'égalité $x = q + \dfrac{r}{2a} - \dfrac{x^2}{2a}$ montre que x surpassera q, lui sera égal, ou inférieur, suivant que r sera supérieur, égal ou inférieur à x^2, c'est-à-dire suivant que r sera supérieur, égal ou inférieur à q^2.

212. *Remarque*. — L'ancienne méthode d'extraction (1) prescrit, pour obtenir chaque chiffre de la racine carrée, de diviser le reste de l'opération, arrêtée au point où elle en est, par le double de la partie déjà connue de cette racine, considérée comme exprimant des dizaines; le quotient obtenu donne une limite supérieure du chiffre cherché; mais la théorie qui précède prouve que ce quotient doit donner le chiffre cherché avec d'autant moins d'incertitude, qu'on connaît déjà plus de chiffres de la racine; on doit donc éviter de le diminuer prématurément, comme on n'est que trop porté à le faire : il vaut toujours mieux l'essayer tel qu'on le trouve.

Lorsqu'on a diminué, à tort, le quotient d'une, de deux unités, on reconnaît la faute qu'on a commise, à ce que le reste de l'opération précédente dépasse le double de la racine trouvée. — On a donné peut-être trop d'importance à cette dernière observation :

---

(1) Celle que nous venons d'exposer est due au regrettable M. Wantzel, ancien élève de l'École polytechnique, ancien répétiteur à cette école, auteur de plusieurs importants mémoires sur les théories des nombres et des équations algébriques; il la donna en 1835.

elle ne fournit qu'un moyen de réparer une faute qu'on n'aurait pas dû commettre.

213. *Application.* On ne se rend bien compte des simplifications que permet l'usage de la méthode de M. Wantzel, qu'en en faisant l'application à un calcul un peu laborieux.

Nous proposerons, pour exemple, la *quadrature approchée du cercle.*

La question est d'évaluer approximativement le côté du carré qui pourrait égaler un cercle donné.

R étant la mesure du rayon du cercle rapporté à une longueur convenue, prise pour unité, πR^2 est la mesure de la surface de ce cercle rapporté au carré construit sur cette même unité, x^2 serait la mesure du carré dont le côté aurait pour mesure x; l'égalité des deux surfaces suppose donc l'égalité numérique :

$$x^2 = \pi R^2,$$

qui donne :

$$\frac{x^2}{R^2} = \pi,$$

est

$$\left(\frac{x}{R}\right)^2 = \pi.$$

ou

$$\frac{x}{R} = \sqrt{\pi};$$

le rapport du côté du carré au rayon du cercle doit donc être exprimé par la racine carrée de π; c'est cette racine que nous allons nous proposer d'obtenir.

La valeur de π, approchée à moins de $\dfrac{1}{10^{16}}$ d'erreur, est

$$\pi = 3{,}1415926535897932.$$

En la prenant pour point de départ, on pourra calculer la racine carrée de π à la même approximation.

```
3,1415926535897932          1,7724538509055160
  1.4
  189                         27 | 347 | 35424 | 354485385
 ____                          7 |   7 |    24 |      5385
  251.5                      _____|_____|_______|__________
  2429                        189 | 2429 |   96 |    26925.
 _____                             |      |   48 |    43080
     8692.65                       |      | _____|    16155
     1612                          |      |  576 |    26925
       19665                       |      |      | _________
         576                       |      |      | 28998225
  __________
     190893589.7932
     136535
       301918
         183349
           61097932
           28998225
  ______________
        320997070.0000000 | 35.4.4.9.0.7.7.0
          1955377          |
           182927          | 09055160
             5682
             2138
               14
```

Le premier chiffre, 3, du nombre a fourni le premier chiffre, 1, de la racine, le carré de 1 retranché de 3 a donné 2, qu'on a fait suivre de la tranche suivante, 14, ce qui a donné le premier reste, 214, dont on a séparé le dernier chiffre par un point.

Pour avoir le second chiffre de la racine on a divisé la partie 21, du premier reste, par le double, 2, du premier chiffre de la racine, les quotients 9 et 8 étaient trop forts; pour essayer 7 on a fait le produit de 27 par 7, qui a donné 189, et ce nombre étant inférieur à 214, 7 a été pris pour second chiffre de la racine

189 retranchés de 214 ont donné pour différence 25 ; en abaissant la tranche suivante, 15, on a obtenu le second reste 2515, dont on a séparé le dernier chiffre par un point.

On a obtenu le troisième chiffre de la racine en divisant la partie 251 du second reste par le double, 34, de la partie connue de la racine, le quotient 7, essayé, n'étant pas trop fort, puisque le produit 2429, de 347 par 7, est inférieur au reste 2515, 7 a été admis pour troisième chiffre de la racine.

2429 retranchés de 2515 ont donné la différence 86 ; arrivé à ce point, comme on connaissait déjà trois chiffres de la racine, et que, par conséquent, on pouvait trouver les deux suivants par une seule division, on a abaissé à la fois à droite de 86 les deux tranches du nombre qui venaient après celles déjà employées.

Le troisième reste s'est ainsi trouvé être 869265 ; on en a séparé les deux derniers chiffres par un point, puisqu'on avait deux chiffres à calculer à la racine, et on a divisé la partie 8692, séparée à gauche par le double de la partie déjà connue de la racine, par 354.

Cette division a donné le quotient 24, qu'on a écrit une fois à droite du diviseur 354 et une fois au-dessous de lui-même, et pour reste 196, qu'on a fait suivre de la partie 65 séparée à droite du reste précédent, ce qui a donné 19665.

Le reste 19665 avait été obtenu en retranchant du précédent le double de la partie anciennement connue de la racine 17700 par la partie 24 nouvellement trouvée ; il restait à en retrancher le carré de 24, 576 : cette soustraction a donné le reste 19089.

On connaissait alors les cinq premiers chiffres de la racine, et l'on pouvait en calculer 4 par une seule division ; on a donc abaissé à droite de 19089 les quatre tranches du nombre qui venaient après celles qui avaient déjà servi.

On a obtenu ainsi le quatrième reste 1908935897932, dont on a séparé les quatre derniers chiffres à droite, parce qu'on avait quatre chiffres à calculer, et on a divisé la partie séparée à gauche par le double 35448 de la partie déjà connue de la racine.

La division de 190893589 par 35448 a donné le quotient 5385, qu'on a écrit une fois à droite du diviseur et une fois au-dessous de lui-même, et pour reste 6109, qu'on a fait suivre de la partie 7932 séparée à droite du reste précédent.

61097932 représentait la différence entre le reste précédent et le double produit de la partie antérieurement connue de la racine 354480000 par la partie nouvellement trouvée, 5385, il restait donc à en retrancher encore le carré de cette partie 5385 ; on a fait ce carré 28998225, et l'ayant retranché de 61097932, on a trouvé 32099707.

On connaissait alors les neuf premiers chiffres de la racine ; on pouvait donc calculer les huit suivants par une seule division ; pour continuer comme on avait fait jusque-là, on aurait dû abaisser à droite de 32099707 huit nouvelles tranches du nombre ; mais les chiffres, qui auraient dû composer ces tranches, n'étant ni donnés, ni utiles à connaître, la racine à l'approximation où elle est demandée ne pouvant pas en dépendre, on a supposé ces tranches formées de zéros : si on les eût abaissées, le cinquième reste eût été

$$3209970700000000000000000.$$

On aurait dû séparer à droite de ce reste les huit derniers zéros pour diviser la partie de gauche,

$$3209970700000000,$$

par le double 354490770 de la partie déjà connue de la racine ; mais comme l'opération devait être terminée après cette division, et que le sixième reste était à la fois inutile à connaître et impossible à obtenir exactement, on s'est contenté d'écrire les huit zéros qui pouvaient servir.

La division de 3209970700000000 par 354490770 qu'on a faite par la méthode abrégé a donné pour quotient :

$$09055160.$$

Ainsi :

$$\sqrt{\pi} = 1,7724538509055160.$$

Les calculs, comme on voit, ne sont pas inabordables.

EXERCICES.

I. La surface d'un cercle est $24856^{m.q},2176$ à un centimètre carré près, trouver le rayon de ce cercle avec toute l'approximation possible.

II. Le volume d'un cylindre droit, à base circulaire, est $3716294^{m.c},271864$ à un centimètre cube près, et la hauteur de de ce cylindre est $4326^{m.c},251$ à un millimètre près, calculer le rayon de base avec toute l'approximation possible.

III. Le volume d'une sphère, mesuré aussi exactement que possible, a été trouvé de $135^{m.c},371842$ à un centimètre cube près; quel est le rayon de cette sphère?

IV. La durée d'une oscillation d'un pendule, exprimée en secondes, est $t = \pi \sqrt{\dfrac{l}{g}}$, formule dans laquelle π est le rapport de la circonférence au diamètre, l la longueur du pendule, g l'intensité de la pesanteur dans le lieu où se trouve placé le pendule, $9^m,8088$ à un dixième de millimètre près à Paris; cela posé, un pendule en laiton ayant $1^m,8254$ de longueur, à un dixième de millimètre près à la température de $0°$, le coefficient de dilatation linéaire du laiton étant d'ailleurs $0,00189$, on demande de combien variera la durée d'une oscillation de ce pendule placé à Paris, lorsque la température variera de $-12°$ à $+32°$.

PROBLÈMES.

I. On partage 115520 francs entre plusieurs personnes qui reçoivent chacune autant de pièces de 20 francs qu'il y a de personnes; combien y a-t-il de personnes et que reçoivent-elles chacune?

II. La différence des carrés de deux nombres consécutifs est 145; quels sont ces deux nombres?

III. La différence de deux nombres est 12 et celle de leurs carrés 1296; quels sont ces deux nombres?

IV. La différence des cubes de deux nombres consécutifs est 1801. Quels sont ces deux nombres?

CALCUL DES RADICAUX.

214. *Pour extraire une racine d'un produit, on peut extraire les racines de même indice des facteurs de ce produit et multiplier ces racines entre elles :*

$$\sqrt[m]{a \times b \times c} = \sqrt[m]{a} \times \sqrt[m]{b} \times \sqrt[m]{c}.$$

Si les racines indiquées pouvaient s'extraire exactement, la démonstration se réduirait à bien peu de chose : R, r, r', r'' désignant les racines $m^{\text{èmes}}$ de $a \times b \times c$, a, b, c, pour vérifier l'égalité

$$R = r \times r' \times r'',$$

comme les $m^{\text{èmes}}$ puissances de deux nombres inégaux ne peuvent être égales, il suffirait de prouver que

$$R^m = (r \times r' \times r'')^m ;$$

or, R^m est identiquement $a \times b \times c$, et $(r \times r' \times r'')^m$, mis sous la forme équivalente $r^m \times r'^m \times r''^m$, est aussi $a \times b \times c$.

Dans le cas où les racines indiquées sont incommensurables, il devient indispensable de fixer le sens qu'on attache à l'égalité en question.

Elle signifie que les racines étant prises avec une suffisante approximation, et les opérations indiquées dans les deux nombres étant effectuées, les résultats différeraient aussi peu qu'on le voudrait; c'est-à-dire que les racines $m^{\text{èmes}}$ de a, de b et de c, ayant été calculées avec une approximation suffisante, le produit de ces racines donnerait la racine $m^{\text{ème}}$, aussi approchée qu'on le voudrait, du produit $a \times b \times c$; ou encore, que la $m^{\text{ème}}$ puissance du produit des racines suffisamment approchées de a, de b et de c, donnerait un résultat aussi peu différent qu'on le voudrait de $a \times b \times c$.

Or, la $m^{\text{ème}}$ puissance du produit des racines $m^{\text{èmes}}$ approchées de a, de b et de c, pourra se former du produit des $m^{\text{èmes}}$ puissances de ces racines; mais ces $m^{\text{èmes}}$ puissances différeront indéfiniment peu respectivement de a, de b et de c : le produit qu'elles donneront différera donc lui-même indéfiniment peu de $a \times b \times c$.

On peut énoncer autrement le théorème qui vient d'être démontré :

Pour multiplier des radicaux de même indice, on peut multiplier les quantités placées sous ces radicaux et affecter le produit du radical commun.

Le premier énoncé exprime que

$$\sqrt[m]{a \times b \times c \times \ldots} = \sqrt[m]{a} \times \sqrt[m]{b} \times \sqrt[m]{c} \times \ldots,$$

et le second que

$$\sqrt[m]{a} \times \sqrt[m]{b} \times \sqrt[m]{c} \times \ldots = \sqrt[m]{a \times b \times c \times \ldots}$$

Ces théorèmes comportent un corollaire important :

Si l'on a sous un radical un facteur élevé à une puissance marquée par l'indice du radical, on peut l'en faire sortir en en extrayant la racine indiquée.

Ainsi : $\sqrt[m]{a^m \times b \times c}$ pourra se remplacer d'abord par $\sqrt[m]{a^m} \times \sqrt[m]{b \times c}$, et ensuite par $a \times \sqrt[m]{b \times c}$.

Inversement : *On peut faire passer un facteur sous un radical, en l'élevant à la puissance marquée par l'indice de ce radical.*

Car si $$\sqrt[m]{a^m \times b \times c} = a \times \sqrt[m]{b \times c},$$

inversement, $$a \times \sqrt[m]{b \times c} = \sqrt[m]{a^m \times b \times c}.$$

215. *Pour extraire une racine d'un quotient, on peut extraire les racines de même indice du dividende et du diviseur et les diviser l'une par l'autre :*

$$\sqrt[m]{\frac{a}{b}} = \frac{\sqrt[m]{a}}{\sqrt[m]{b}};$$

et réciproquement : *pour diviser deux radicaux de même indice, on peut diviser l'une par l'autre les quantités placées sous ces radicaux et affecter le quotient obtenu du radical commun.*

$$\frac{\sqrt[m]{a}}{\sqrt[m]{b}} = \sqrt[m]{\frac{a}{b}}.$$

La démonstration de ce théorème, si on la voulait faire directement, devrait être imitée de celle du précédent; mais les deux propositions peuvent se déduire l'une de l'autre ; car, si $\sqrt[m]{q}$ désigne le quotient $\dfrac{\sqrt[m]{a}}{\sqrt[m]{b}}$, il faut que $\sqrt[m]{q} \times \sqrt[m]{b}$ ou que $\sqrt[m]{bq}$ égale $\sqrt[m]{a}$, c'est-à-dire que bq égale a, ou que q égale $\dfrac{a}{b}$.

216. *On peut multiplier l'indice d'un radical par un nombre entier quelconque, en élevant, en même temps, la quantité soumise à ce radical à la puissance marquée par le même nombre entier :*

$$\sqrt[m]{a} = \sqrt[mn]{a^n}, \quad \sqrt[m]{a^p} = \sqrt[mn]{a^{np}}.$$

Et réciproquement : *on peut supprimer tout facteur commun à l'indice d'un radical et à l'exposant de la puissance à laquelle est élevée la quantité soumise à ce radical :*

$$\sqrt[mn]{a^{np}} = \sqrt[m]{a^p}, \quad \sqrt[mn]{a^n} = \sqrt[m]{a}.$$

Le même mode de démonstration conviendra encore à ce théorème, dont l'exactitude serait évidente, si les racines indiquées pouvaient s'extraire exactement :

Pour vérifier, par exemple, l'égalité

$$\sqrt[mn]{a^{np}} = \sqrt[m]{a^p};$$

l'évaluation des racines étant supposée faite avec une très grande approximation, il suffira d'observer que $\sqrt[mn]{a^{np}}$, élevé à la puissance mn, donnerait un résultat aussi peu différent qu'on le voudrait de a^{np}, et que, d'autre part, $\sqrt[m]{a^p}$, élevé à la même puissance, ou élevé successivement aux puissances m et n, ce qui revient au même, donnerait d'abord a^p, et ensuite a^{np}, à une approximation aussi grande qu'on le voudrait.

217. *Pour extraire d'un nombre une racine d'indice composé, on peut en extraire la racine marquée par le premier facteur de l'indice; du résultat obtenu, extraire la racine marquée par le second facteur, et ainsi de suite :*

$$\sqrt[m.n.p]{A} = \sqrt[m]{\sqrt[n]{\sqrt[p]{A}}}.$$

Et, réciproquement : *à une suite de radicaux superposés, on peut substituer un seul radical d'indice marqué par le produit des indices des radicaux proposés :*

$$\sqrt[m]{\sqrt[n]{\sqrt[p]{A}}} = \sqrt[m.n.p]{A}.$$

Si, en effet, on élève à la puissance $m \cdot n \cdot p$ les deux membres de l'égalité

$$\sqrt[mnp]{A} = \sqrt[m]{\sqrt[n]{\sqrt[p]{A}}},$$

le premier donnera A et le second

$$\left(\left(\left(\sqrt[m]{\sqrt[n]{\sqrt[p]{A}}}\right)^m\right)^n\right)^p,$$

ou A aussi.

218. *Pour réduire différents radicaux au même indice, on opère sur les exposants des quantités soumises à ces radicaux, et sur les indices, comme s'il s'agissait de réduire au même dénominateur les fractions qui eussent pour numérateurs et dénominateurs ces exposants et indices.*

Ainsi :

$$\sqrt[m]{a^\alpha}, \quad \sqrt[n]{b^\beta}, \quad \sqrt[p]{c^\gamma},$$

se ramèneront à

$$\sqrt[mnp]{a^{\alpha np}}, \quad \sqrt[mnp]{b^{\beta mp}}, \quad \sqrt[mnp]{c^{\gamma mn}};$$

car on pourra, conformément au théorème du n° **216**, pour le premier radical, $\sqrt[m]{a^{\alpha}}$, multiplier à la fois l'indice et l'exposant par np; pour le deuxième et le troisième, les multiplier par mp et mn.

Cet important théorème donne le moyen de réduire à une seule extraction de racine le calcul d'une expression composée par multiplication et division d'autant de radicaux qu'on le voudra :

$$\sqrt[m]{a} \times \sqrt[n]{b} = \sqrt[mn]{a^n} \times \sqrt[mn]{b^m} = \sqrt[mn]{a^n b^m}$$

$$\frac{\sqrt[n]{a}}{\sqrt[n]{b}} = \frac{\sqrt[mn]{a^n}}{\sqrt[mn]{b^m}} = \sqrt[mn]{\frac{a^n}{b^m}}.$$

EXERCICES.

I. Démontrer l'égalité :

$$\sqrt{3 + \sqrt{7}} = \sqrt{\frac{3 + \sqrt{2}}{2}} + \sqrt{\frac{3 - \sqrt{2}}{2}}.$$

II. Démontrer l'égalité :

$$\sqrt[3]{9 + 4\sqrt{5}} + \sqrt[3]{9 - 4\sqrt{3}} = 3.$$

III. La surface du décagone régulier inscrit dans un cercle de rayon R est :

$$\frac{5}{4} R^2 \sqrt{10 - 2\sqrt{5}}.$$

On demande de calculer aussi exactement que possible la surface du décagone régulier inscrit dans un cercle dont le rayon serait 345^m,253 à un millimètre près.

THÉORIE DES EXPOSANTS DE NATURE QUELCONQUE.

219. *Exposants négatifs.* On sait que la multiplication de deux puissances d'un même nombre se ramène à l'addition des exposants de ces puissances :

$$a^m \times a^n = a^{m+n} ;$$

et la division, à la soustraction des mêmes exposants :

$$a^m : a^n = a^{m-n};$$

mais la soustraction devenant impossible dans le cas où l'exposant serait plus élevé au diviseur qu'au dividende, cette dernière règle serait sujette à exception ; on ne pourrait donc pas l'appliquer lorsque les deux exposants seraient ou inconnus ou non définis encore. Le quotient $a^m : a^n$ devrait s'écrire a^{m-n} dans le cas où m serait plus grand que n et $\dfrac{1}{a^{n-m}}$ dans le cas contraire.

Pour éviter la discussion préalable de l'alternative, discussion qui, d'ailleurs, ne serait pas toujours possible, on a imaginé d'écrire dans tous les cas le quotient sous la forme a^{m-n}, en convenant que, lorsque n serait plus grand que m, cette expression aurait le sens de $\dfrac{1}{a^{n-m}}$.

Telle est l'origine des exposants négatifs.

D'après cette convention, $\dfrac{a^3}{a^7}$ se formulera sous le symbole de a^{3-7} ou a^{-4}, qui aura le même sens que $\dfrac{1}{a^4}$.

220. Pour rendre pratique cette notation nouvelle, il nous faut revenir sur les règles relatives au calcul des puissances. Ces règles sont que, pour multiplier ou diviser deux puissances d'un même nombre, on peut en ajouter ou en retrancher les exposants, et que, pour élever à une nouvelle puissance une puissance déjà formée d'un nombre, on peut multiplier l'ancien exposant par le nouveau. Nous allons rechercher les nouvelles formules que de-

vraient recevoir les énoncés de ces règles, lorsque les puissances
seraient indiquées par des exposants négatifs.

Les puissances négatives que nous aurons à combiner par multiplication, division, etc., ne seront que les mêmes puissances positives des inverses des nombres qui en seront affectés ; les calculs
porteront toujours sur ces puissances positives, et les résultats
qu'il auront fournis ne seront formulés conformément à la notation nouvelle qu'après avoir été intégralement obtenus ; il ne
s'agira donc ni d'interpréter en aucune façon le signe qui précède l'exposant négatif, ni encore moins de soumettre les combi-
naisons d'exposants négatifs à des raisonnements qui, forcément,
manqueraient de base, mais seulement de former *à posteriori* des
énoncés propres à se fixer dans la mémoire, en réduisant le plus
possible le nombre des cas distincts, par l'emploi de mots nouveaux dont le sens ne pourra jamais être douteux.

221. *Multiplication.* Soit d'abord à multiplier a^m par a^{-p} :

$$a^m \times a^{-p} = \frac{a^m}{a^p},$$

c'est-à-dire d'après la notation convenue,

$$a^m \times a^{-p} = a^{m-p};$$

de sorte que la multiplication se fera encore par l'addition des
exposants, si, par ajouter un nombre négatif, on entend en retrancher la valeur absolue ; la soustraction, d'ailleurs, devant
donner un nombre positif ou négatif selon que le nombre à soustraire serait plus petit ou plus grand que le nombre dont on doit
le soustraire.

De même :

$$a^{-m} \times a^{-p} = \frac{1}{a^m} \times \frac{1}{a^p} = \frac{1}{a^{m+p}},$$

c'est-à-dire, d'après la notation convenue :

$$a^{-m} \times a^{-p} = a^{-(m+p)};$$

de sorte que la multiplication se fera encore par l'addition des exposants, si, par ajouter deux nombres négatifs, on entend former un nombre négatif dont la valeur absolue soit la somme des valeurs absolues de ces nombres.

222. *Division.* Soit d'abord à diviser a^m par a^{-p} :

$$a^m : a^{-p} = a^m : \frac{1}{a^p} = a^m \times a^p = a^{m+p}.$$

La division se fera donc encore par la soustraction des exposants, si, par retrancher un nombre négatif, on entend ajouter la valeur absolue de ce nombre.

Soit en second lieu à diviser a^{-m} par a^p :

$$a^{-m} : a^p = \frac{1}{a^m} : a^p = \frac{1}{a^m} \times \frac{1}{a^p} = \frac{1}{a^{m+p}} = = a^{-(m+p)} ;$$

l'exposant du diviseur aura donc encore été retranché de l'exposant du dividende.

Enfin, soit à diviser a^{-m} par a^{-p} :

$$a^{-m} : a^{-p} = \frac{1}{a^m} : \frac{1}{a^p} = \frac{1}{a^m} \times a^p = a^{p-m} ;$$

l'exposant du diviseur aura donc encore été retranché de celui du dividende, si, par retrancher un nombre négatif, on entend en ajouter la valeur absolue.

223. *Puissances superposées.* Soit d'abord a^m à élever à la puissance $(-p)$:

$$(a^m)^{-p} = \left(\frac{1}{a^m}\right)^p = \frac{1}{a^{mp}} = a^{-mp} ;$$

l'élévation à une nouvelle puissance se fera donc par la multiplication des exposants superposés, si, par multiplier deux nombres, l'un positif, l'autre négatif, on entend former un nombre négatif qui soit le produit des valeurs absolues de ces nombres.

Soit encore a^{-m} à élever à la puissance p :

$$(a^{-m})^p = \left(\frac{1}{a^m}\right)^p = \frac{1}{(a^m)^p} = \frac{1}{a^{mp}} = a^{-mp};$$

la règle subsiste donc la même.

Soit enfin (a^{-m}) à élever à la puissance $(-p)$:

$$(a^{-m})^{-p} = \left(\frac{1}{a^m}\right)^{-p} = \frac{1}{\left(\dfrac{1}{a^m}\right)^p} = \frac{1}{\dfrac{1}{a^{mp}}} = a^{mp};$$

l'élévation se fera donc encore, dans ce cas, par la multiplication des exposants des puissances superposées, si, par multiplier deux nombres négatifs entre eux, on entend former le produit des valeurs absolues de ces nombres.

Comme on voit, l'usage des exposants négatifs, moyennant de simples conventions de langage, permet de ramener les unes aux autres des formules qui, autrement, auraient dû être notées différemment; la simplification qui en résulte a une très-grande importance.

224. *Exposants fractionnaires.* Nous avons vu que lorsqu'un radical porte sur une puissance, on peut supprimer les facteurs communs à l'exposant et à l'indice, et, par conséquent, diviser l'exposant par l'indice, lorsque la division est possible.

Dans le cas où la division est possible,

$$\sqrt[n]{a^m} = a^{\frac{m}{n}},$$

on a adopté cette forme pour tous les cas, quels que soient les nombres m et n.

Le calcul des exposants fractionnaires est d'ailleurs soumis aux mêmes règles que celui des exposants entiers.

Ainsi :

$$a^{\frac{m}{n}} \times a^{\frac{p}{q}} = \sqrt[n]{a^m} \times \sqrt[q]{a^p} = \sqrt[nq]{a^{mq}} \times \sqrt[nq]{a^{np}} = \sqrt[nq]{a^{mq} \times a^{np}}$$

$$= \sqrt[nq]{a^{mq+np}} = a^{\frac{mq+np}{nq}} = a^{\frac{m}{n} + \frac{p}{q}}.$$

c'est-à-dire que la multiplication se fait encore par l'addition des exposants.

De même :

$$\left(a^{\frac{m}{n}}\right)^{\frac{p}{q}} = \sqrt[q]{\left(\sqrt[n]{a^m}\right)^p} = \sqrt[q]{\sqrt[n]{a^m} \times \sqrt[n]{a^m} \cdots} = \sqrt[q]{\sqrt[n]{a^{mp}}}$$

$$= \sqrt[nq]{a^{mp}} = a^{\frac{mp}{nq}} = a^{\frac{m}{n} \times \frac{p}{q}}.$$

Ainsi, l'élévation à une nouvelle puissance fractionnaire d'une puissance fractionnaire déjà formée se fait encore par la multiplication des exposants.

La règle se conserve aussi pour la division ; ainsi :

$$a^{\frac{m}{n}} : a^{\frac{p}{q}} = \sqrt[n]{a^m} : \sqrt[q]{a^p} = \sqrt[nq]{a^{mq}} : \sqrt[nq]{a^{np}} = \sqrt[nq]{\frac{a^{mp}}{a^{np}}} = \sqrt[nq]{a^{mq-np}}$$

$$= a^{\frac{mq-np}{nq}} = a^{\frac{m}{n}-\frac{p}{q}}.$$

Dans cette expression, mq pourrait être moindre que np, l'exposant serait alors fractionnaire et négatif.

Mais l'interprétation de ce nouveau symbole se ferait par la combinaison des principes posés précédemment.

$$a^{-\frac{u}{v}} \text{ signifie } \frac{1}{a^{\frac{u}{v}}}, \text{ ou } \frac{1}{\sqrt[v]{a^u}}, \text{ ou } \sqrt[v]{\left(\frac{1}{a}\right)^u}.$$

Ces exposants négatifs sont soumis aux mêmes règles que les exposants entiers ; ainsi :

$$a^{-\frac{m}{n}} \times a^{-\frac{p}{q}} = \frac{1}{a^{\frac{m}{n}}} \times \frac{1}{a^{\frac{p}{q}}} = \frac{1}{\sqrt[n]{a^m}} \times \frac{1}{\sqrt[q]{a^p}} = \frac{1}{\sqrt[nq]{a^{mq}}} \times \frac{1}{\sqrt[nq]{a^{np}}}$$

$$= \frac{1}{\sqrt[nq]{a^{mq} \times a^{np}}} = \frac{1}{\sqrt[nq]{a^{mq+np}}} = \frac{1}{a^{\frac{mq+np}{nq}}} = a^{-\frac{mq+np}{nq}} = a^{-\frac{m}{n}-\frac{p}{q}}.$$

De même :

$$\left(a^{-\frac{m}{n}}\right)^{-\frac{p}{q}} = \frac{1}{\left(\dfrac{1}{a^{\frac{m}{n}}}\right)^{\frac{p}{q}}} = \frac{1}{\left(\dfrac{1}{a^{\frac{mp}{nq}}}\right)} = a^{\frac{mp}{nq}}.$$

225. Ces notations. étant convenues, nous rechercherons la loi suivant laquelle varie la puissance m d'un nombre, lorsque l'exposant m prend toutes les valeurs possibles depuis — ∞ jusqu'à $+ \infty$.

Nous remarquerons d'abord que toutes les puissances de **1** donnent **1**; ainsi, $1^{\frac{m}{n}} = 1$, quels que soient m et n; car $1^{\frac{m}{n}} = \sqrt[n]{1^m}$ ou $\sqrt[n]{1}$ ou **1**.

D'un autre côté, les puissances des nombres moindres que **1** sont les inverses des puissances des nombres supérieurs à **1**.

Ainsi,

$$a^{\frac{m}{n}} = \frac{1}{\left(\dfrac{1}{a}\right)^{\frac{m}{n}}},$$

quels que soient a, m et n.

Il en résulte que si l'on connaît la loi de progression des puissances d'un nombre plus grand que **1**, on en déduira celle des puissances des nombres moindres que **1**.

Mais, d'ailleurs, les puissances négatives d'un nombre sont les inverses des puissances positives du même nombre; par conséquent, quand on connaîtra la loi de progression des puissances positives d'un nombre plus grand que **1**, on en conclura celle des puissances négatives de ce même nombre; la question se réduit donc à l'étude de la loi des variations des puissances positives d'un nombre plus grand que **1**.

Or, 1° *toutes les puissances positives d'un nombre plus grand que* **1** *sont supérieures à* **1**.

En effet, si a est plus grand que 1, $a^{\frac{m}{n}}$ le sera aussi.
Car,

$$a^{\frac{m}{n}} = \sqrt[n]{a^m} \, ;$$

Or, a^m sera plus grand que 1, et la racine d'un nombre plus grand que 1, quel que soit l'indice, est toujours plus grande que 1.

2° *A mesure que l'exposant augmente, la puissance augmente.*
En effet,

$$a^{\frac{m}{n} + \frac{p}{q}} = a^{\frac{m}{n}} \times a^{\frac{p}{q}}.$$

Or, quel que soit $a^{\frac{m}{n}}$, comme $a^{\frac{p}{q}}$ sera plus grand que 1, en multipliant $a^{\frac{m}{n}}$ par $a^{\frac{p}{q}}$, on aura une quantité plus grande que $a^{\frac{m}{n}}$.

3° *Les puissances croissantes d'un nombre plus grand que 1 peuvent dépasser toute limite.*

En effet, comme d'après ce qui vient d'être dit, il suffit de démontrer le théorème pour les puissances entières, puisque les puissances fractionnaires sont comprises entre les puissances entières, soit $a > 1$, qu'on pourra mettre sous la somme $1 + \alpha$; en en formant les puissances successives, on trouverait, comme on l'a vu au n° 193 :

$$a^2 > 1 + 2\alpha,$$
$$a^3 > 1 + 3\alpha,$$
$$a^4 > 1 + 4\alpha,$$
$$\cdots\cdots$$
$$\cdots\cdots$$
$$a^m > 1 + m\alpha.$$

Or, si m est suffisamment grand, quelque petit que soit d'ailleurs α, $m\alpha$ pourra toujours dépasser toute limite de grandeur, et par conséquent a^m pourra croître indéfiniment.

4° *Lorsque l'exposant diminue jusqu'à 0, la puissance diminue jusqu'à 1.*

En effet, comme pour faire tendre l'exposant vers 0, on pourra lui donner la forme $\dfrac{1}{m}$ et se borner à faire prendre à m des valeurs entières croissantes, puisque les exposants intermédiaires correspondent à des puissances intermédiaires ; tout se réduit à faire voir que $a^{\frac{1}{m}}$ tend vers 1, lorsque m tend vers l'infini ; ou, comme a est plus grand que 1, que $(1+\alpha)^{\frac{1}{m}}$ ou $\sqrt[m]{1+\alpha}$ tend vers 1 lorsque m tend vers l'infini ; c'est-à-dire que la différence entre $\sqrt[m]{1+\alpha}$ et 1 peut devenir aussi petite qu'on le veut, ou que $\sqrt[m]{1+\alpha}$ peut devenir moindre que $1+\delta$, quelque petit que soit δ, si m est suffisamment grand ; mais cela revient à dire que $(1+\delta)^m$ peut dépasser $1+\alpha$, et c'est précisément en quoi consiste la proposition précédente.

Ainsi, en résumé, *l'exposant partant de 0 et croissant vers l'infini, si le nombre est plus grand que 1, les puissances partent de 1 et croissent indéfiniment.*

Par conséquent, *si le nombre restant toujours plus grand que 1, l'exposant partait de 0 pour croître négativement sans limite, les puissances partiraient de 1 et tendraient vers 0.*

Au contraire, *pour un nombre moindre que 1, si l'exposant partait de 0 pour croître indéfiniment, la puissance partirait de 1 et tendrait vers 0, et si l'exposant partait de 0 et tendait vers moins l'infini, la puissance partirait de 1 et tendrait vers l'infini.*

EXERCICES.

I. Évaluer $\left(\dfrac{2}{3}\right)^{-\frac{4}{7}}$ à 0,000001 près.

II. Trouver successivement à $\dfrac{1}{2}$, $\dfrac{1}{4}$, $\dfrac{1}{8}$, $\dfrac{1}{16}$, etc., par défaut, l'exposant de la puissance à laquelle il faudrait élever un nombre donné pour obtenir un autre nombre donné.

CHAPITRE XVII.

Théories des progressions et des logarithmes.

226. Progressions par différence. — On nomme progression par différence une suite de nombres dont chacun surpasse le précédent, ou le suivant, d'une quantité constante.

La progression est croissante, lorsque chaque terme surpasse celui qui le précède ; elle est décroissante dans le cas contraire ; dans tous les cas, la différence entre deux termes consécutifs est la raison de la progression.

Les nombres 3 . 7 . 11 . 15 . etc., forment une progression par différence dont la raison est 4 ; on l'écrit ainsi :

$$\div 3 \, . \, 7 \, . \, 11 \, . \, 15 \, . \, 19 \, .$$

et on lit : comme 3 est à 7, 7 est à 11, 11 est à 15, etc., c'est-à-dire : la différence est la même de 3 à 7, que de 7 à 11, de 11 à 15, etc.

Cette notation vient de celle qu'on employait pour figurer les proportions par différence. Chaque terme d'une progression par différence est en effet une moyenne arithmétique entre les deux termes qui le comprennent.

La première question que présente l'étude des progressions par différence, est celle d'en exprimer un terme au moyen d'un autre terme connu, sachant d'ailleurs quelle est la raison de la progression et quelle est la différence des rangs des deux termes comparés.

Pour cela, soit une progression par différence quelconque :

$$\div a \, . \, b \, . \, c \, . \, d \, . \, e \, . \, . \, . \, . \, h \, . \, k \, . \, l \, . \, . \, .$$

soient a le terme par rapport auquel on veuille en exprimer un autre l, r la raison et n le nombre des termes a, b, ... l; il faudra donc exprimer l au moyen de a, de la raison r, et du nombre n des termes.

Or,

$$b = a + r, \quad c = b + r, \quad d = c + r, \ldots$$

ou bien:

$$b = a + r, \quad c = a + 2r, \quad d = a + 3r \ldots$$

chaque fois que son rang augmente d'une unité, le terme augmente donc de la raison : ainsi, le terme de rang n sera

$$a + (n - 1)r,$$

$$l = a + (n - 1)r.$$

un terme de rang quelconque est égal au premier, augmenté d'autant de fois la raison qu'il y a de termes avant celui qu'on veut calculer.

Si l'on résout successivement cette égalité par rapport aux différentes lettres qu'elle contient, elle fournira les solutions d'autant de questions.

Elle donne d'abord :

$$a = l - (n - 1)r,$$

ce qui veut dire que, pour déduire un terme d'un autre de rang plus élevé, il faut retrancher de cet autre autant de fois la raison qu'il y a de termes après celui qu'on veut exprimer, jusqu'à celui qu'on considère comme le dernier.

La même formule indique que, si l'on renversait la progression, un terme quelconque se formerait du premier, diminué d'autant de fois la raison qu'il y aurait de termes avant celui qu'on voudrait calculer.

La même égalité, résolue par rapport à n, donne :

$$n = \frac{l - a}{r} + 1.$$

On ne peut donc se proposer de trouver le nombre des terme s de la progression qu'autant que $(l - a)$ est un multiplié de r.

En supposant cette condition remplie, le nombre des termes que contiendrait la progression, depuis un terme donné jusqu'à un autre, serait 1, plus le nombre de fois que la raison serait contenue dans la différence des extrêmes.

La même égalité donne encore :

$$r = \frac{l - a}{n - 1},$$

formule qui contient la solution de la question suivante : *entre deux nombres donnés, insérer un nombre donné de moyens différentiels.*

En effet : si entre deux nombres a et b on veut insérer m moyens différentiels, ce qu'on cherchera sera la raison ; or, le nombre total des termes devant être $m + 2$, cette raison sera :

$$\frac{b - a}{m + 1}.$$

Une dernière propriété des progressions par différence est que *la somme de deux termes, pris à égale distance des extrêmes, est égale à la somme des extrêmes.*

En effet, le terme qui en a n avant lui, est égal au premier augmenté de n fois la raison ; mais celui qui en a n après lui, par contre, est égal au dernier diminué de n fois la raison : la somme reste donc la même.

On voit par là que, si la progression contenait un nombre impair de termes, le terme du milieu serait la demi-somme des extrêmes, et aussi que chaque terme d'une progression par différence est une moyenne arithmétique entre les deux termes qui le comprennent.

Il nous reste à trouver la somme des termes d'une progression par différence.

Cette somme,

$$a + b + c + d \ldots h + k + l,$$

est aussi représentée par

$$l + k + h \ldots + c + b + a.$$

Le double en est donc :

$$(a + l) + (b + k) + (c + h) \ldots (b + k) + (a + l),$$

ou

$$(a + l) \times n,$$

puisque toutes les sommes $a + l$, $b + k$, etc., sont égales entre elles.

La somme est donc :

$$S = \frac{(a + l)n}{2},$$

ou si l'on remplace l par sa valeur,

$$S = r\,\frac{(a + a + (n - 1)\,r)n}{2} = na + \frac{n(n - 1)r}{2}.$$

227. Progressions par quotient. — On nomme progression par quotient une suite de nombres tels que le rapport de chacun d'eux au précédent reste constant; ce rapport est la raison de la progression.

La progression est croissante quand le rapport d'un terme au précédent est plus grand que 1, et décroissante dans le cas contraire.

Les nombres

$$3, 6, 12, 24, 48 \ldots$$

forment une progression par quotient dont la raison est 2.

On l'écrit ainsi :

$$\div 3 : 6 : 12 : 24 : 48 : 96,\ \text{etc.,}$$

ce qui n'est qu'une manière abrégée d'écrire :

$$3 : 6 :: 6 : 12 :: 12 : 24 :: 24 : 48,\ \text{etc.}$$

Considérons une progression quelconque :

$$\div \; a : b : c : d \ldots\ldots h : k : l,$$

et cherchons d'abord à exprimer un terme au moyen d'un autre donné, de la raison, et de la différence des rangs des deux termes.

En désignant par q la raison, on aura successivement :

$$b = aq$$
$$c = bq = aq^2$$
$$d = cq = bq^2 = aq^3, \text{ etc.}$$

On voit donc qu'un terme quelconque se forme du premier multiplié par la raison élevée à une puissance marquée par la différence des rangs de ces termes : le dernier l, en supposant le nombre des termes égal à n, s'exprimera donc par $l = a \times q^{n-1}$.

Cette égalité donne $a = \dfrac{l}{q^{n-1}}$, c'est-à-dire le premier terme est égal au dernier divisé par la raison élevée à une puisssance marquée par le nombre des termes moins 1 ;

On en tire aussi

$$q = \sqrt[n-1]{\frac{l}{a}},$$

formule qui contient la solution de cette question : *entre deux nombres donnés*, a *et* b, *insérer un nombre* m *de moyens par quotient.*

Le nombre total des termes de la progression à former étant $m + 2$, la raison de cette progression sera

$$\sqrt[m+1]{\frac{b}{a}}.$$

Une dernière propriété des progressions par quotient, c'est que *le produit de deux termes, pris à égale distance des extrêmes, est égal au produit des extrêmes.*

En effet, un terme qui en a n avant lui est égal au premier, multiplié par la $n^{ème}$ puissance de la raison, tandis que, par contre, un terme qui en a n après lui est égal au dernier divisé par la même puissance de la raison; en sorte que le produit reste le même.

Si la progression contient un nombre impair de termes, le carré de celui du milieu est donc égal au produit des extrêmes, et tout terme quelconque d'une progression par quotient est moyen proportionnel entre les deux termes qui le comprennent.

Nous terminerons par la recherche de la somme des termes d'une progression par quotient:

Cette somme,

$$S = a + b + c\ldots\ldots + h + k + l,$$

multipliée par la raison q, en remarquant que $aq = b$, $bq = c$, etc., donne un produit

$$Sq = b + c + d\ldots + k + l + lq.$$

Si la progression est croissante, on peut retrancher la première égalité de la seconde, et il vient

$$Sq - S = lq - a,$$

$$S(q-1) = lq - a,$$

$$S = \frac{lq - a}{q - 1}.$$

Si la progression était, au contraire, décroissante, on retrancherait la seconde égalité de la première, ce qui donnerait

$$S - Sq = a - lq\,;$$

$$S(1 - q) = a - lq,$$

$$S = \frac{a - lq}{1 - q}.$$

En supposant la progression décroissante, nous venons de trouver

$$S = \frac{a - lq}{1 - q} = \frac{a}{1 - q} - \frac{lq}{1q}.$$

La somme est donc toujours moindre que le quotient du premier terme par l'unité moins la raison ; la somme des termes d'une progression décroissante est donc toujours finie, quel que soit le nombre des termes que l'on en prenne ; d'ailleurs, $\dfrac{lq}{1-q}$ peut devenir moindre que toute quantité donnée, lorsque le nombre des termes augmente indéfiniment, et, par suite, *la somme des termes d'une progression géométrique décroissante à l'infini a pour limite* $\dfrac{a}{1-q}$, *le quotient du premier terme par l'unité moins la raison.*

EXERCICES.

I. Limite de la série 34,52635635635....

II. Trouver la somme des n premiers termes de la suite

$$q, \; 2q^2, \; 3q^3, \; 4q^4 \dots nq^n.$$

III. Démontrer que la somme des n premiers termes de la suite

$$2, \; \frac{1}{2}, \; \frac{1}{2\times 3}, \; \frac{1}{2\times 3\times 4}\dots$$

est moindre que 3, quel que soit n.

IV. Démontrer que la somme de tant de termes que l'on voudra de la même suite, pris parmi ceux qui suivent la $n^{\text{ème}}$, est moindre que la $n^{\text{ème}}$ partie du $n^{\text{ème}}$ terme.

THÉORIE DES LOGARITHMES.

228. Toute la théorie des logarithmes est fondée sur cette remarque, que si l'on prend deux progressions, l'une géométrique, commençant par 1, telle que

$$\div 1 : 5 : 25 \dots 5^n : \quad 5^{n+1}, \quad \text{etc.;}$$

et l'autre arithmétique, commençant par 0, comme :

$$\div 0 \, . \, 3 \, . \; 6 \dots n3 \, . \, (n+1)\,3, \text{ etc.;}$$

que, d'une part, on fasse le produit de deux termes de la progression géométrique 5^n et 5^p, produit qui sera 5^{n+p}, se trouvera dans la progression géométrique et en sera le $(n+p+1)^{\text{ème}}$ terme; que, d'un autre côté, on fasse la somme des termes correspondants de la progression arithmétique $n3$, $p3$, somme qui sera $(n+p)3$, se trouvera dans la progression arithmétique et en sera aussi le $(n+p+1)^{\text{ème}}$ terme : le produit et la somme se correspondront.

Il résulte de là que, pour obtenir le produit de deux nombres écrits dans la progression par quotient, on pourrait prendre les termes correspondants de la progression par différence, en faire la somme, et prendre pour le produit cherché le terme de la progression par quotient qui correspondrait à cette somme dans la progression par différence.

Une multiplication se trouverait ainsi remplacée par une addition ; l'opération inverse de la multiplication, c'est-à-dire la division, se remplacerait de même par l'opération inverse de la multiplication, c'est-à-dire par la soustraction ; l'élévation d'un nombre à une puissance, qui n'est qu'une multiplication de plusieurs facteurs égaux entre eux, se ramènerait à une addition de nombres égaux entre eux, ou à une multiplication, et l'extraction des racines à une division.

Pour faire passer cette innovation dans la pratique, il faudrait construire une table à deux colonnes, contenant, dans l'une, les termes d'une progression par quotient, très peu rapide, commençant à 1 et allant très loin ; dans l'autre, les termes correspondants d'une progression par différence commençant à 0 : si les nombres sur lesquels on aurait à opérer se trouvaient précisément dans la table, les calculs se feraient exactement ; dans le cas contraire, en substituant, aux nombres sur lesquels on devrait opérer, les termes de la progression géométrique qui en différeraient le moins, on obtiendrait le résultat cherché avec d'autant plus d'approximation que les termes de la progression géométrique varieraient plus lentement, c'est-à-dire que la table serait plus près d'être complète et de contenir tous les nombres.

Il existe une infinité de systèmes de logarithmes.

Quand on a choisi les deux progressions qui définissent celui qu'on a l'intention d'adopter,

$$\div 1 : q : q^2 : q^3 : q^4,$$

$$: 0 . r . 2r . 3r . 4r, \text{ etc.,}$$

pour former la table, il ne s'agit plus que de remplir les intervalles par des insertions de moyens en nombre suffisant.

En effet, si, entre deux termes consécutifs quelconques de la progression par quotient, on insère un nombre m de moyens proportionnels et un même nombre de moyens différentiels dans tous les intervalles de la progression par différence ; d'une part, la raison des nouveaux moyens dans la progression par quotient sera toujours la racine $(m+1)^{\text{ème}}$ du quotient des termes entre lesquels on aura fait l'insertion, c'est-à-dire la racine $(m+1)^{\text{ème}}$ de la raison primitive de la progression ; de l'autre, la raison des nouveaux moyens différentiels sera toujours la $(m+1)^{\text{ème}}$ partie de l'ancienne ; tous les moyens insérés, avec les termes primitifs des deux progressions, formeront donc deux nouvelles progressions par quotient et par différence, dont les termes jouiront des mêmes propriétés que ceux des deux progressions primitives.

Or, en concevant qu'on insérât un nombre immense de moyens dans tous les intervalles correspondants des deux progressions, on arriverait à introduire dans la progression par quotient tous les nombres imaginables, ou au moins des nombres qui différeraient aussi peu qu'on le voudrait de nombres choisis à volonté. On étendrait donc ainsi à tous les cas la faculté de substituer une addition ou une soustraction, à une multiplication ou à une division ; une multiplication ou une division, à la formation d'une puissance ou à l'extraction d'une racine.

229. Cependant, ce que nous venons de dire exige quelques explications.

Nous observerons d'abord qu'une progression par quotient étant donnée, on ne pourra généralement pas y introduire un nombre donné au hasard, quelque grand nombre de moyens qu'on insère d'ailleurs dans l'intervalle où il se trouverait compris.

En effet, soient A et B deux termes consécutifs de la progression par quotient, entre lesquels tombe un nombre P que l'on voudrait introduire dans cette progression ; si, entre A et B on insère m moyens, ces moyens, en y comprenant A et B, seront :

$$A : A\sqrt[m+1]{\frac{B}{A}} : A\sqrt[m+1]{\left(\frac{B}{A}\right)^2} \ldots : A\sqrt[m+1]{\left(\frac{B}{A}\right)^m} : A\sqrt[m+1]{\left(\frac{B}{A}\right)^{m+1}} \text{ ou B.}$$

Or, si, par exemple, B et A sont commensurables, et que $\frac{B}{A}$ ne soit une puissance exacte d'aucun nombre commensurable, tous ces moyens seront incommensurables ; par conséquent, si P était commensurable, on ne pourrait l'insérer. Il est, d'ailleurs, bien évident qu'il ne suffirait pas qu'il fût incommensurable pour qu'on pût l'insérer ; il faudrait que sa définition le fît dépendre d'une certaine racine de $\frac{B}{A}$.

Ainsi, quelque grand nombre de moyens que l'on insère jamais entre les termes d'une progression par quotient, il y aura toujours infiniment plus de nombres exclus qu'il n'y en aura d'introduits ; mais cela n'enlève rien de son importance à l'usage arithmétique des logarithmes, parce que, quand les termes de la progression par quotient varieront d'une manière très peu sensible, les erreurs que l'on commettra en substituant, aux nombres sur lesquels on aurait dû opérer, les termes de la progression qui en différeront le moins, ces erreurs diminueront autant qu'on le voudra.

En second lieu, il est facile de s'assurer que le nombre des moyens insérés devenant suffisamment grand, la différence entre deux moyens consécutifs quelconques pourra devenir aussi petite qu'on le voudra, assez petite, par conséquent, pour que les erreurs dont nous venons de parler n'aient plus aucune importance.

Soient encore A et B les deux termes entre lesquels se sera faite l'insertion, m le nombre des moyens insérés, et C l'un de ces moyens, le suivant sera $C \times \sqrt[m+1]{\frac{B}{A}}$; nous avons donc à démontrer que la différence $C \times \sqrt[m+1]{\dfrac{B}{A}} - C$ pourra devenir moindre qu'une quantité δ, aussi petite qu'on voudra l'imaginer, pourvu qu'on prenne m suffisamment grand.

L'inégalité à laquelle il faut satisfaire est :

$$C\left(\sqrt[m+1]{\dfrac{B}{A}} - 1 \right) < \delta,$$

qui donne successivement :

$$\sqrt[m+1]{\dfrac{B}{A}} - 1 < \dfrac{\delta}{C},$$

$$\sqrt[m+1]{\dfrac{B}{A}} < 1 + \dfrac{\delta}{C},$$

$$\dfrac{B}{A} < \left(1 + \dfrac{\delta}{C} \right)^{m+1} :$$

La condition est donc que $\left(1 + \dfrac{\delta}{C} \right)^{m+1}$ devienne plus grand que $\dfrac{B}{A}$; or, nous savons qu'il est toujours possible d'y satisfaire en prenant m assez grand.

230. Quoique l'usage pratique des logarithmes se trouvât suffisamment justifié par les considérations qui précèdent, cependant, pour ne laisser subsister aucune lacune, nous préciserons encore mieux ce qu'on entend par logarithme d'un nombre qu'on ne pourrait pas insérer dans la progression par quotient.

Considérons, par exemple, les deux progressions :

$$\div 1 : 2 : 4 : 8 : 16 : 32 : 64 : \dots\dots$$

$$\div 0 . 3 . 6 . 9 . 12 . 15 . 18 . \dots\dots$$

7 tombe entre les termes 4 et 8 de la progression par quotient, et quelque nombre de moyens qu'on insérât dans cet intervalle,

7 ne serait jamais un de ces moyens; mais il n'en résulte pas plus
que 7, dans le système défini par les progressions considérées,
n'ait pas de logarithme, qu'il ne résulte, de ce que le carré d'aucun nombre ne peut donner 2, que 2 n'ait pas de racine carrée.

Imaginons qu'on insère entre 4 et 8 un certain nombre de
moyens proportionnels et le même nombre de moyens différentiels entre 6 et 9, 7 sera compris entre deux moyens consécutifs
de la progression géométrique, et pour nous son logarithme sera
compris entre les deux moyens arithmétiques correspondants. Si
on insère de nouveaux moyens dans les nouveaux intervalles, les
les deux nombres qui comprendront ce que nous appelons le
logarithme de 7 se rapprocheront de plus en plus; ils tendront
vers une certaine limite fixe qui ne sera pas assignable, mais
qu'on peut concevoir : cette limite commune sera le logarithme
de 7.

231. Jusqu'ici notre définition n'attribuerait de logarithmes
qu'aux nombres plus grands ou plus petits que 1, selon que la
progression par quotient employée serait croissante ou décroissante. A la vérité, on peut toujours ramener les calculs à faire sur
des nombres plus grands ou plus petits que 1, à des calculs portant inversement sur des nombres plus petits ou plus grands que 1 ;
mais on peut aussi attribuer directement des logarithmes à tous
les nombres, quelle que soit la progression employée, croissante
ou décroisante.

En effet, pour la progression géométrique, elle peut toujours
être prolongée en sens inverse de celui où on l'a écrite :

$$\div\div\ \ \frac{1}{q^3} : \frac{1}{q^2} : \frac{1}{q} : 1 : q : q^2 : q^3 ;$$

on prolonge également la progression arithmétique en y introduisant des termes négatifs :

$$\div -3r. -2r. -r. o. r. 2r. 3r,$$

que, d'après les conventions de langage posées plus haut, on regarde comme étant encore en progression et faisant suite aux termes positifs.

De cette sorte, si la progression géométrique adoptée est croissante, les nombres plus grands que 1 auront des logarithmes positifs, et leurs inverses plus petits que 1 auront pour logarithme les mêmes nombres, mais changés de signe : si la progression était décroissante ce serait le contraire.

232. Cela posé, nous allons reprendre les démonstrations complètes des principes, au moyen desquels on substitue, aux calculs à faire sur les nombres, des calculs plus simples à effectuer sur leurs logarithmes.

Nous supposerons que dans la progression par quotient la raison soit assez peu différente de 1, pour que les termes consécutifs puissent être regardés comme variant d'une manière continue, de telle sorte que tous les nombres possibles soient dans cette progression ou y soient représentés par des nombres qui en diffèrent suffisamment peu.

Tout se réduit, en quelque sorte, à démontrer le premier des principes en question; savoir, que le logarithme d'un produit est égal à la somme des logarithmes de ses facteurs; tous les autres s'en déduisent aisément.

Soient donc :

$$\frac{1}{(1+\alpha)^2} : \frac{1}{(+\alpha)} : 1 : (1+\alpha) : (1+\alpha)^2,$$

$$-2\beta \quad . \quad -\beta \quad . \quad o \quad . \quad \beta \quad . \quad 2\beta,$$

les deux progressions qui définissent le système adopté; et soient A et B les deux facteurs d'un produit; si nous supposons d'abord ces deux facteurs plus grands que 1, on pourra poser $A = (1+\alpha)^m$, $B = (1+\alpha)^n$, d'où $AB = (1+\alpha)^{m+n}$.

D'un autre côté, les logarithmes de $(1+\alpha)^m$, $(1+\alpha)^n$, $(1+\alpha)^{m+n}$ étant respectivement $m\beta$, $n\beta$, $(m+n)\beta$, on aura donc :

$$\log. A = m\beta, \quad \log. B = n\beta, \quad \log. (AB) = (m+n)\beta;$$

17

et par conséquent,

$$\log. \ (AB) = \log. \ A + \log. \ B.$$

Si l'un des facteurs A était plus grand et l'autre B moindre que 1, on pourrait demême poser $A = (1 + \alpha)^m$, $B = \dfrac{1}{(1+\alpha)^n}$, et, par suite, $AB = (1 + \alpha)^{m-n}$ ou $AB = \dfrac{1}{(1+\alpha)^{n-m}}$, selon que m serait plus grand ou plus petit que n; d'un autre côté, les logarithmes de $(1 + \alpha)^m$, $\dfrac{1}{(1+\alpha)^n}$, $(1+\alpha)^{m-n}$ ou $\dfrac{1}{(1+\alpha)^{n-m}}$ étant $m\beta$, $-n\beta$, et $(m-n)\beta$ ou $-(n-m)\beta$, on aurait donc, $\log. \ A = m\beta$, $\log. \ B = n\beta$ et $\log. \ AB = (m-n)\beta$ ou $-(n-m)\beta$, et par conséquent : $\log. \ (AB) = \log. \ A + \log. \ B$.

Dans le cas qui vient de nous occuper, si m était égal à n, le produit AB serait 1, et la somme des logarithmes serait o, le logarithme du produit serait donc bien encore la somme des logarithmes des facteurs.

Supposons enfin les nombres pris dans la partie décroissante de la progression par quotient : $A = \dfrac{1}{(1+\alpha)^m}$ et $B = \dfrac{1}{(1+\alpha)^n}$, le produit sera : $AB = \dfrac{1}{(1+\alpha)^{m+n}}$; les logarithmes seront : $\log. \ A = -m\beta$, $\log. \ B = -n\beta$, $\log. \ AB = -(m+n)\beta$; le log. de AB sera donc bien toujours la somme des logarithmes de A et de B.

L'attribution du signe — aux logarithmes des nombres plus petits que 1, aura servi, on le voit, a conserver le même énoncé au même théorème dans les différents cas qu'il peut présenter. On aurait pu donner le même logarithme positif à deux nombres inverses l'un de l'autre ; mais alors il aurait fallu dire : le logarithme d'un produit est la somme ou la différence des logarithmes des deux facteurs, suivant qu'ils sont tous deux plus grands que 1, ou tous deux plus petits, ou l'un plus grand et l'autre plus petit.

On pourrait étendre la démonstration au produit d'un nombre quelconque de facteurs :

$$\log. (a \cdot b \cdot c \cdot d.) = \log. a + \log. b + \log. c + \log. d.$$

Passons à la division :

Le logarithme d'un quotient est égal à la différence des logarithmes des deux facteurs.

En effet, soit

$$\frac{A}{B} = q;$$

on en tirera :

$$A = Bq, \quad \log. A = \log. B + \log. q;$$

$$\log. q = \log. A - \log. B;$$

le quotient de deux nombres s'obtiendra donc en faisant la différence des logarithmes du dividende et du diviseur, et prenant dans la table le nombre correspondant à cette différence, considérée comme un logarithme.

Ce qui concerne les puissances et les racines est tout aussi simple :

Le logarithme d'une puissance d'un nombre est égal au logarithme de ce nombre multiplié par l'exposant de la puissance.

En effet,

$$A^m = A \times A \times A \times A \ldots \ldots,$$

d'où,

$$\log. A^m = \log. A + \log. A + \ldots \ldots = m \log. A.$$

Le logarithme d'une racine d'un nombre est égal au logarithme de ce nombre divisé par l'indice de la racine.

En effet, soit

$$\sqrt[m]{A} = R;$$

on en tirera :

$$A = R^m, \quad \log. A = \log. R^m, \quad \log. A = m \log. R,$$

$$\log. R = \frac{\log. A}{m}.$$

On peut même étendre la démonstration aux puissances fractionnaires positives ou négatives.

Ainsi,

$$A^{-\frac{m}{n}} = \frac{1}{A^{\frac{m}{n}}} = \frac{1}{\sqrt[n]{A^m}}$$

$$\log. A^{-\frac{m}{n}} = \log. \frac{1}{\sqrt[n]{A^m}} = -\log. \sqrt[n]{A^m}$$

$$\log. A^{-\frac{m}{n}} = -\frac{\log. A^m}{n} = -\frac{m \log. A}{n} = -\frac{m}{n} \log. A.$$

233. On distingue les systèmes de logarithmes les uns des autres par leurs bases. On nomme base d'un système de logarithmes le terme de la progression par quotient, qui correspond à **1** dans la progression par différence. Le système qui aurait pour base b serait défini par les progressions :

$$\div\!\!\cdot\ 1 : b : b^2 : b^3 \ldots \ldots,$$

$$\div\ 0 . 1 . 2 . 3 \ldots \ldots$$

Deux progressions données, formant un système de logarithmes, on peut toujours trouver la base de ce système.

En effet, si, par exemple, les deux progressions données sont

$$1 : 3 : 9 : 27 : 81 \ldots \ldots,$$

$$0 . \frac{3}{7} . \frac{6}{7} . \frac{9}{7} . \frac{12}{7} \ldots \ldots,$$

il ne s'agira que d'insérer **1** dans la progression par différence, et de déterminer le moyen correspondant de la progression par quotient.

Or, pour être certain d'introduire **1** dans la progression par différence

$$0 . \frac{3}{7} . \frac{6}{7} . \frac{9}{7}, \text{ etc.,}$$

il suffira de faire en sorte que la nouvelle raison devienne $\dfrac{1}{7}$;

car alors $\dfrac{7}{7}$ se trouvera nécessairement parmi les moyens insérés.

Dans l'exemple choisi, si on insère deux moyens différentiels, d'une part, entre $\dfrac{6}{7}$ et $\dfrac{9}{7}$, deux moyens par quotient, d'autre part,

entre 9 et 27, les moyens différentiels seront $\dfrac{7}{7}$ et $\dfrac{8}{7}$, les moyens

proportionnels, $9\sqrt[3]{3}$ et $9\sqrt[3]{9}$: $9\sqrt[3]{3}$ sera donc la base.

Le logarithme de la base étant 1, et ceux de son carré, de son cube, etc., étant 2, 3, etc., les multiplications ou divisions par les puissances de la base se font simplement par l'addition ou la soustraction des exposants de ces puissances au logarithme du nombre à multiplier ou à diviser.

Il résulte de là que la base de logarithmes la plus convenable à adopter est toujours la base même du système de numération dont on se sert.

Comme notre système de numération est décimal, le système de logarithmes le plus commode sera aussi celui qui aura pour base 10. Les multiplications et divisions par 10 et ses puissances, qui se représentent si fréquemment, se feront alors par d'autres opérations présentant le même degré de simplicité.

Quand on déplacera la virgule dans un nombre décimal, ce qui reviendra à multiplier ou à diviser ce nombre par une puissance de 10, la partie décimale du logarithme restera toujours la même.

Cette partie décimale ne dépendra donc que des chiffres du nombre, et non pas de la place qu'y occupera la virgule.

234. Nous avons dit précédemment qu'on peut toujours éviter l'emploi des logarithmes négatifs; ainsi, si l'on avait à faire les calculs indiqués dans l'expression

$$\frac{0,00723 \times 0,005672}{\sqrt[2]{\dfrac{1}{7}} \times 0,1592},$$

la règle donnerait, pour le logarithme du nombre qu'elle représente,

$$\log. \ 0,00723 + \log. \ 0,005679 + \frac{1}{2} \log. \ 7 - \log. \ 0,1592;$$

la plupart de ces logarithmes seraient négatifs; mais, pour en
éviter l'usage, au lieu de l'expression proposée, on pourra prendre,
par exemple,

$$\frac{723 \times 5679}{\sqrt[3]{\frac{1}{7} \times 1592}},$$

dont le numérateur serait 10^{11} fois, et le dénominateur 10^1 fois
plus grand ; le résultat serait 10^7 fois trop grand ; mais, quand on
l'aurait calculé, on y reculerait la virgule de sept rangs vers la
gauche.

Si l'on avait à calculer un quotient moindre que 1, on pourrait
en multiplier le dividende par une puissance de 10 assez grande
pour le rendre supérieur au diviseur, sauf à diviser le quotient
obtenu par cette puissance de 10 ; ainsi, si l'on avait à calculer
$\dfrac{3}{17}$, on y substituerait $\dfrac{30}{17}$, et quand on aurait calculé ce quotient,
on y reculerait la virgule d'un rang vers la gauche.

De même, pour obtenir $\sqrt[3]{0,00017}$, on pourrait calculer $\sqrt[3]{170}$,
qui est 100 fois plus grand, et on diviserait le résultat par 100.

TABLES DÉCIMALES.

235. Tous les logarithmes inscrits dans une table doivent être
calculés avec la même approximation, puisqu'ils sont surtout des-
tinés à être ajoutés entre eux. S'ils étaient donnés avec des
nombres différents de figures, l'erreur commise dans chaque
somme qu'on aurait à en faire serait de l'ordre de la plus grande
des erreurs commises dans les parties; par conséquent, la plus
grande exactitude des unes perdrait toute son importance propre
par l'inexactitude des autres.

1 unité d'accroissement dans le nombre le logarithme croît de $\frac{57}{1000000}$ pour 0,27, on aura un accroissement proportionnel dans le logarithme, accroissement que fournira la proportion $1 : 0,0000057 :: 0,27 : x$ ou, si x, représentait le nombre de dix millionièmes cherché : $1 : 57 :: 0,27 : x$.

On démontre que cette proportion fournit exactement jusqu'à la septième décimale du logarithme cherché.

Inversement, si l'on veut obtenir le nombre correspondant à un logarithme donné, qui ne se trouve pas dans la table, on commence par voir quels sont les logarithmes inscrits dans la table dont les parties décimales se rapprochent le plus de la partie décimale du proposé. Ces deux logarithmes correspondent à deux nombres qui comprennent le nombre cherché, et, au moyen de la même proportion, on calcule ce qu'il faut ajouter au moindre de ces nombres pour avoir le nombre correspondant au logarithme proposé.

237. La partie entière d'un logarithme en est la *caractéristique*; elle est 0 lorsque le nombre est compris entre 1 et 10, 1 lorsqu'il est compris entre 10 et 100, etc., c'est-à-dire qu'elle représente le nombre moins un des chiffres de la partie entière du nombre supposé plus grand que 1.

Lorsque le nombre est moindre que 1, son logarithme est négatif; mais habituellement, et cela est plus commode, on le note sous la forme d'une différence entre une partie décimale positive et un certain nombre d'unités; ainsi, $0,7142896 - 2$, ou $-2 + 0,7142896$, qu'on écrit encore $\overline{2},7142896$. La partie entière, ici -2, du logarithme ainsi formulé en est encore la caractéristique.

Lorsque le nombre est moindre que 1 et plus grand que $\frac{1}{10}$, le logarithme en est compris entre 0 et -1; il est donc -1 plus une partie décimale; la caractéristique en est donc -1. Si le nombre était compris entre $\dfrac{1}{10}$ et $\dfrac{1}{100}$, la caractéristique de son logarithme serait — 2, etc.

Pour un nombre moindre que 1, la caractéristique, abstraction faite du signe, est donc le rang décimal du premier de ses chiffres.

En réunissant les deux énoncés, on pourrait dire : *la caractéristique du logarithme d'un nombre est fournie, en nombre et en signe, par la différence des rangs de l'unité et du premier chiffre de ce nombre, différence comptée positivement de droite à gauche, et négativement de gauche à droite.*

Il est toujours aisé de passer d'un logarithme entièrement négatif au même logarithme formulé comme on vient de le dire.

Il n'y a que la soustraction à faire :

$$-3,4517286 = (4 - 3,4517286) - 4 = 0,5482714 - 4 =$$
$$\overline{4},5482714 ;$$

la transformation inverse serait aussi facile :

$$\overline{5},7182347 = -5 + 0,7182347 = -(5 - 0,7182347) =$$
$$- 4,2817653.$$

Dans l'une et l'autre de ces opérations, il faut retrancher de 10 le dernier chiffre décimal du logarithme, et de 9 chacun des suivants ; cette remarque permet d'écrire de gauche à droite les chiffres du nouveau logarithme, ce qui est habituellement plus commode que de les écrire de droite à gauche, comme on le fait d'ordinaire en transcrivant le reste d'une soustraction.

Lorsqu'un nombre moindre que 1 se trouve soumis à un radical, il faut en diviser le logarithme par l'indice de la racine à extraire. Si ce logarithme était entièrement négatif, la division se ferait sans aucune préparation ; mais, dans le cas usuel où la caractéristique seule est négative, il convient de la rendre d'abord multiple de l'indice, en y ajoutant quelques unités, sauf à compenser ensuite cette altération :

$$\frac{\overline{4},7184253}{6} = \frac{-6 + 2,7184253}{6} = -1 + \frac{2,7184253}{6} =$$

$$-1 + 0,3530709 = \overline{1},3530709.$$

RÉGLE D'INTÉRÊTS COMPOSÉS.

238. Lorsqu'une somme reste placée pendant plusieurs années, et qu'on n'en touche pas les intérêts à mesure, on les capitalise, et ils portent à leur tour intérêt.

Une somme A restant placée pendant n années, à intérêts composés, le taux de l'intérêt étant connu, i pour $^{0}/_{0}$ par an ; on peut demander ce que deviendra cette somme, augmentée de ses intérêts.

Or, au bout d'un an 100 francs rapportent i francs et par conséquent deviennent $(100 + i)$ fr., et par suite,

1 fr. au bout d'un an deviendrait $\left(\dfrac{100+i}{100}\right)$ fr. ou $\left(1+\dfrac{i}{100}\right)$ fr.

Chaque franc se multiplie donc chaque année par $1+\dfrac{i}{100}$.

Un capital A au bout d'un an devient donc $\quad A\left(1+\dfrac{i}{100}\right)$

au bout de deux ans. $\cdots\cdots\quad A\left(1+\dfrac{i}{100}\right)^2$

$$\cdots\cdots$$

au bout de n années $\cdots\cdots\quad A\left(1+\dfrac{i}{100}\right)^n;$

si nous désignons par S, le capital augmenté de ses intérêts, la relation entre S . A, i et n est donc :

$$S = A\left(1+\frac{i}{100}\right)^n;$$

équation qui, résolue successivement par rapport à toutes les lettres qu'elle renferme, fournirait les réponses à autant de questions différentes;

elle donne d'abord
$$A = \dfrac{S}{\left(1 + \dfrac{i}{100}\right)^n},$$

et répond à cette question : quelle somme A aurait-on dû donner, il y a n années, pour s'acquitter d'une dette actuelle S?

On en tire aussi :
$$1 + \frac{i}{100} = \sqrt[n]{\frac{S}{A}},$$
$$i = 100 \times \sqrt[n]{\frac{S}{A}} - 100;$$

et l'on connaît par là à quel intérêt il faudrait placer une somme A pour, au bout de n années, posséder une somme S.

On ne pourrait pas résoudre algébriquement l'équation
$$S = A\left(i \times \frac{i}{100}\right)^n,$$

par rapport à n; mais, traitée par logarithmes, elle donne :
$$\log. S = \log. A + n \log.\left(1 + \frac{i}{100}\right),$$
$$\log. A = \log. S - n \log.\left(1 + \frac{i}{100}\right),$$
$$n \log.\left(1 + \frac{i}{100}\right) = \log. S - \log. A,$$
$$n = \frac{\log. S - \log. A}{\log.\left(i + \frac{i}{100}\right)}.$$

ANNUITÉS.

239. On peut se proposer d'acquitter une dette actuelle A au moyen d'un nombre n de versements égaux faits d'année en année : la somme à payer chaque année est ce qu'on appellera une annuité.

Pour que la dette soit complétement acquittée, il faut que tous les comptes étant reportés à une même époque, à la $n^{\text{ème}}$ année, par exemple, la somme primitivement due et les sommes payées, augmentées respectivement de leurs intérêts, forment une balance exacte.

La dette A, au bout de la $n^{\text{ème}}$ année, monterait à $A\left(1+\dfrac{i}{100}\right)^{n}$; d'autre part, la première annuité a, payée $(n-1)$ années, avant l'échéance des comptes, doit être estimée par $a\left(1+\dfrac{i}{100}\right)^{n-1}$, la seconde, par $a\left(1+\dfrac{i}{100}\right)^{n-2}$, l'avant-dernière, par $a\left(1+\dfrac{i}{100}\right)$, et la dernière, par a. Il doit donc y avoir égalité entre $A\left(1+\dfrac{i}{100}\right)^{n}$ et la somme

$$a\left(1+\frac{i}{100}\right)^{n-1}+a\left(1+\frac{i}{100}\right)^{n-2}+\ldots+a\left(1+\frac{i}{100}\right)+a.$$

Cette somme, qui est celle de nombres en progression par quotient, ayant $1+\dfrac{i}{100}$ pour raison, s'exprime par :

$$\frac{a\left(1+\dfrac{i}{100}\right)^{n}-a}{\dfrac{i}{100}};$$

on doit donc avoir :

$$A\left(1+\frac{i}{100}\right)^{n}=a\,\frac{\left(1+\dfrac{i}{100}\right)^{n}-1}{\dfrac{i}{100}};$$

d'où l'on tire :

$$a = \frac{A\left(1 + \frac{i}{100}\right)^n \times \frac{i}{100}}{\left(1 + \frac{100}{i}\right)^n - 1};$$

et pour le calcul par logarithmes :

$$a = \frac{n.\,c.\,\text{à} \left\{ \log.\ A + n\log.\left(1 + \frac{i}{100}\right) + \log.\ i - 2 \right\}}{n.\,c.\,\text{à} \left\{ n.\log.\left(1 + \frac{i}{100}\right) \right\} - 1}.$$

FIN.

POUR PARAITRE PROCHAINEMENT :

RÉALISATION ET USAGE

DES

FORMES IMAGINAIRES

EN GÉOMÉTRIE.

PAR M. MARIE

MM. CAUCHY ET STURM ONT PRÉSENTÉ A L'ACADÉMIE DES SCIENCES, DANS SA SÉANCE DU 8 MAI 1854, LE RAPPORT SUIVANT SUR CET OUVRAGE.

« L'Académie nous a chargés, M. Sturm et moi, d'examiner un Mémoire de M. Marie, relatif aux périodes des intégrales simples et doubles. Les intégrales simples considérées par l'auteur sont celles qui peuvent être présentées sous la forme

$$\int y D_s x \, ds,$$

s désignant un arc de courbe, et x, y des fonctions réelles ou imaginaires de s, liées entre elles par une équation caractéristique, algébrique ou transcendante :

$$(1) \qquad\qquad f(x, y) = 0.$$

Considérons spécialement le cas où l'équation caractéristique est algébrique et de forme réelle ; alors, pour chaque valeur réelle de x, l'équa-

b

tion (1), résolue par rapport à y, fournira une ou plusieurs valeurs réelles ou imaginaires, par conséquent, de la forme

$$y = u,$$

ou de la forme

$$y = v + wi,$$

u, v, w étant des fonctions réelles de x. Cela posé, concevons que, la variable x représentant une abscisse, on construise : 1° la courbe dont l'ordonnée serait représentée par la fonction u; 2° la courbe dont l'ordonnée serait représentée par la somme $v + w$, les axes coordonnés étant ou rectangulaires ou obliques. Ces deux courbes seront celles que M. Marie nomme la *courbe réelle* et la *conjuguée* de la courbe réelle. Si, avant de résoudre l'équation (1), on opère une transformation de coordonnées, en assignant une direction nouvelle à l'axe des y, on substituera ainsi aux variables x, y, deux nouvelles variables x_1 y_1 qui offriront toutes deux, pour une valeur réelle de x et pour une valeur imaginaire de y, des valeurs correspondantes imaginaires dans lesquelles le rapport entre les coefficients de i sera constant. Réciproquement, si l'on attribue à x_1 une valeur réelle, et à y_1 une valeur imaginaire qui satisfasse, avec x_1, à l'équation caractéristique transformée, les valeurs correspondantes de x, y, seront généralement imaginaires; mais le rapport entre les coefficients de i, dans ces diverses valeurs, sera constant. De cette observation il résulte qu'à une même courbe réelle, représentée par l'équation (1), correspondent, en nombre infini, des *courbes conjuguées*, dont chacune a pour coordonnées variables des valeurs réelles de x, y, que l'on obtient en remplaçant i par 1, dans des valeurs imaginaires de x, y, assujetties à la double condition de vérifier l'équation (1), et d'offrir pour coefficients de i des quantités dont le rapport demeure constant.

» Les courbes conjuguées, définies comme on vient de le dire, jouissent de propriétés remarquables, qui sont exposées et démontrées dans le Mémoire de M. Marie. Citons-en quelques-unes.

» Chacune des courbes conjuguées est généralement tangente à la courbe réelle aux points où elle la rencontre. Par suite, la courbe réelle est une enveloppe des diverses conjuguées.

» Si une des conjuguées présente un anneau fermé, si, d'ailleurs, on nomme S l'aire comprise dans cet anneau, et l'arc décrit sur le périmètre de cet anneau par un point qui se meut avec un mouvement de rotation direct autour de l'aire S, le produit de cette aire par i sera généralement la valeur de l'intégrale

$$\int_0^c y D_z\, x\, ds,$$

c étant le périmètre entier de l'aire S, ou ce qu'on peut nommer la *période imaginaire* de l'intégrale

$$\int y D_z\, x\, ds.$$

» Si l'on fait varier, par degrés insensibles, la forme d'un anneau fermé, appartenant à une courbe conjuguée, en faisant varier l'inclinaison de l'axe des y, l'aire S comprise dans cet anneau restera ordinairement invariable. Cette dernière proposition, dont la démonstration se déduit d'un théorème donné par l'un de nous et relatif aux intégrales curvilignes, suppose toutefois que, l'axe des y venant à changer de direction par degrés insensibles, la valeur des y tirée de l'équation (1) n'atteint pas une valeur pour laquelle la dérivée de f (x, y) relative à y s'évanouisse avec f (x, y).

» Dans la dernière partie de son Mémoire, M. Marie considère non plus une fonction y de x déterminée par l'équation (1), mais une fonction z de deux variables x, y, déterminée par une *équation caractéristique* de la forme

$$f (x, y, z) = 0.$$

A des valeurs réelles de x, y correspondent, en vertu de cette équation, des valeurs de z réelles ou imaginaires, par conséquent de la forme

$$z = u,$$

ou de la forme

$$z = v + wi,$$

u, v, w étant des fonctions réelles de x, y, z. Cela posé, concevons que les variables x, y représentant deux coordonnées réelles, on construise : 1° la surface courbe dont l'ordonnée serait représentée par la fonction u ; 2° la surface courbe dont l'ordonnée serait représentée par la somme $v + w$, les axes coordonnés étant ou rectangulaires ou obliques. Ces deux surfaces seront celles que M. Marie nomme la *surface réelle* et la *conjuguée de la surface réelle*. Si, avant de résoudre l'équation caractéristique, on opère une transformation de coordonnées, en assignant une direction nouvelle à l'axe des z, on substituera ainsi aux variables x, y, z, trois nouvelles variables x_i, y_i, z_i qui offriront toutes trois, pour des valeurs réelles de x, y et pour une valeur imaginaire de z, des valeurs correspondantes imaginaires, dans lesquelles les rapports entre les coefficients de i seront constants. Réciproquement, si l'on attribue à x_i, y_i des valeurs réelles, et à z_i une valeur imaginaire qui satisfasse, avec x_i, y_i, à l'équation caractéristique transformée, les valeurs correspondantes de x, y, z seront généralement imaginaires, mais les rapports entre les coefficients de i dans ces dernières valeurs seront constants. De cette observation il résulte qu'à une même surface réelle correspondent, en nombre infini, des *surfaces conjuguées*, dont chacune a pour coordonnées variables des valeurs réelles de x, y, z que l'on obtient en remplaçant i par 1, dans des valeurs imaginaires de x, y, z assujetties à la double condition de vérifier l'équation caractéristique, et d'offrir pour coefficients de i des quantités dont les rapports demeurent constants.

» Les surfaces conjuguées, définies comme on vient de le dire, jouissent de propriétés remarquables, analogues à celles des courbes conjuguées. Ainsi, en particulier, comme l'observe M. Marie, lorsqu'une surface conjuguée est fermée et limitée en tous sens, le volume V compris dans cette surface, et représentée par une intégrale double, reste généralement invariable, tandis que l'on fait varier par degrés insensibles, ou entre des limites quelconques, ou du moins entre certaines limites, l'inclinaison de l'axe des z sur l'axe des x ou sur l'axe des y. D'ailleurs, le produit de ce volume V par i est ce qu'on peut nommer la *période imaginaire* d'une certaine intégrale double.

» En résumé, les Commissaires jugent que le Mémoire de M. Marie présente, sur les périodes des intégrales simples et doubles, des recherches intéressantes qui ont conduit l'auteur à des résultats nouveaux, et qu'en conséquence ce Mémoire mérite d'être approuvé par l'Académie. »

Les conclusions de ce Rapport sont adoptées.

Le Mémoire dont il 'est question dans ce rapport, et dont nous annonçons la publication, fait suite à l'ouvrage du même auteur, qui a paru sous le titre : GRANDEURS NÉGATIVES ET IMAGINAIRES, chez V. Dalmont, éditeur, quai des Augustins, 49.

Paris.—Imprimerie Dubuisson et C°,
rue Coq-Héron, 5.